ワークブックで学ぶ

ヒトの生化学

― 構造・酵素・代謝 ―

坂本 順司 著

裳華房

Exercise Book on Human Biochemistry
－Structure・Enzyme・Metabolism－

by

JUNSHI SAKAMOTO

SHOKABO

TOKYO

はじめに

　この世界には興味深いことがらがたくさんありますが，何といっても「ヒトのいのち」ほど心ひかれるものはないでしょう．私たちの身体はどんなしくみで動いているのか，生き生きと暮らしていくにはどんなことに気を配ればいいのか，関心のタネは尽きません．

　近年，生物学や医学の研究が急速に進展してきました．とくに分子レベルの知識がどんどん蓄積しています．分子レベルの生命科学の中心に「生化学」があります．生化学は，化学の手法や成果に基づいて生命現象を解明する学問であり，現代的生物学・医学の恩恵を満喫するには，ぜひとも学びたい分野です．

　生化学をきちんと習得するには，教科書を読んだり電子的資料を眺めたりするという受け身の作業だけでは不十分であり，問題を解き自己採点する能動的な活動が深い理解を助けます．教育課程における講義形式の授業でもそうですが，自習としての勉強ではなおさらその必要性が高いでしょう．

　本書は，取り扱う項目やその内容・構成などを親本の『**イラスト 基礎からわかる生化学**』に合わせたワークブックです＊．計算問題や記述式問題などの応用問題を多数用意しました．解答例を漏れなくつけ，詳しい解説も充実させ，親本の対応ページも付して，学習者に親切な工夫を満載しました．全体として次のような構成にしています：

　親本に合わせて3部構成で13章まで設けた上，14章として「**総合問題**」を添えた．

　例題：各章ごとに例題を挙げ，解答と簡単な解説を付した．まずはためしにこの問題を解いてほしい．次の演習問題で，関連した考え方や知識を深めるための基礎になる．

＊　本書で引用された親本の図表は，以下のサイトからダウンロードできる．
　http://www.shokabo.co.jp/mybooks/ISBN978-4-7853-5859-4.htm

演習問題：数値計算や文章記述、語句の穴埋め問題、化学式・反応式を答える問題など、多様な応用問題を数多くそろえた。すべてに解答例をつけた上、詳しい解説には解答を補足する意味だけでなく、より深い発展的な認識に自然につながる配慮も込めた。

章が進むにつれ、以前の章で学んだ事項も含めて問う問題が増えてくる。すでに修得した知識を「雑多な個別事項」にとどめず、有機的に関連づけた「体系」として構築してほしいからである。最後の 14 章「総合問題」はその総仕上げの位置づけとなる。

チャレンジ問題：本書全体の冒頭に、短時間でできる選択式問題をまとめて用意した。ポイントを効率的に振り返ることができる。薬剤師と管理栄養士の国家試験のうち、「生化学」分野にあたる問題に合わせた。過去問 10 年分の内容の多くをカバーしているので、国試対策にもなる。さらに解説には、国試対策ノートという欄を設けた。国試でとくに重視されている事項や、学問的には使用例が減っているが国試には最近でも出題された用語なども説明し、補足した。全問題の解答と解説を本書の末尾にまとめた。

チャレンジ問題には、学問大系全体の中で国試に出される事項が、どのような、あるいはどの程度の「部分集合」なのかを概観できるという利得もある。ただし「生化学」に関係した「内分泌・ホルモン」など広い生物学に属する事項は、拙著『理工系のための生物学』などを参照してほしい。

日ごろ知的刺激を与えてくださる同僚の皆さんと、内外の学会で生化学的よもやま話につき合ってくださる研究者の方々、とりわけ最新の知見にもとづいて細胞内 ATP についてご教示くださった京都大学 白眉センターの今村博臣先生にお礼申し上げます。また研究室で生化学の実験に取り組んでくれている学生諸君、とくに内容を詳しくチェックしてくれた笹倉涼平くんと椎葉千尋さん、および支えてくれた家族にも感謝します。最後に、編集の過程でたいへんなご助力をいただいた編集部の野田昌宏さんと筒井清美さんに深謝いたします。

2014 年 8 月

坂 本 順 司

チャレンジ問題

－薬剤師・管理栄養士の国家試験対策にも最適－

（解答と解説は巻末にあり）

第1部　構造編

1章　糖　質

問 1-A　糖質に関する記述のうち、正しいのはどれか。1つ選べ。
(1) グルコースの大部分は、環状エステルであるピラノース形として存在する。
(2) D-グルコースの鎖状構造と D-フルクトースの鎖状構造は、互いにエピマーの関係である。
(3) スクロース（ショ糖）は、D-グルコースと D-フルクトースがグリコシド結合した二糖である。
(4) 非還元糖の定量には、酸化第一銅の赤色沈殿を指標とするフェーリング反応が用いられる。

問 1-B　糖質に関する記述のうち、正しいのはどれか。2つ選べ。
(1) ガラクトースは、六炭糖のケトースである。
(2) D体とL体の区別は、鎖状構造の構造式におけるアルデヒド基またはケトン基から最も遠い不斉炭素の立体配置でなされる。
(3) キシリトールは、キシルロースの還元で生じる糖アルコールである。
(4) グルクロン酸は、グルコースの酸化で生じるウロン酸である。

問 1-C　多糖に関する記述のうち、正しいのはどれか。2つ選べ。
(1) セルロースは、D-グルコースが β-1,4-グリコシド結合した多糖である。

(2) アミロースは、D-グルコースが α-1,6-グリコシド結合した多糖である。
(3) ヒアルロン酸は、硫酸基をもつ。
(4) コンドロイチン硫酸は、二糖のくり返し構造をもつ。
(5) デキストリン、ペクチン、キチンはそれぞれ多種類の糖からなるヘテロ多糖である。

2章 脂 質

問 2-A 脂質に関する記述のうち、正しいのはどれか。2つ選べ。
(1) オレイン酸やリノール酸は、いずれも不飽和脂肪酸である。
(2) ジアシルグリセロールは、もっとも重要なエネルギー貯蔵物質である。
(3) ステロイドホルモンは、コレステロールから生合成される。
(4) 細胞膜とミトコンドリア膜の脂質組成は、同じである。

問 2-B 脂質に関する記述のうち、正しいのはどれか。1つ選べ。
(1) エイコサペンタエン酸は、炭素数20の飽和脂肪酸である。
(2) パルミチン酸は室温で固体の飽和脂肪酸である。
(3) オレイン酸の略号は、18:2 (9,12) である。
(4) α-リノレン酸は、人体内で生合成可能な不飽和脂肪酸である。
(5) 天然の不飽和脂肪酸の大部分はトランス形である。

問 2-C 次の脂質a〜dに関する記述ア〜エについて、正しいものの組合せは、(1)〜(5)のうちどれか。
　a ホスファチジルコリン　　b コレステロール脂肪酸エステル
　c スフィンゴミエリン　　　d トリアシルグリセロール（トリグリセリド）

ア　生体内の代表的なエネルギー貯蔵体である。
イ　主要な生体膜成分である。
ウ　セラミドを含む複合脂質である。

エ　ステロイド骨格をもつ単純脂質である。

	a	b	c	d
(1)	ア	ウ	エ	イ
(2)	イ	ウ	エ	ア
(3)	エ	イ	ア	ウ
(4)	イ	エ	ウ	ア
(5)	ウ	ア	イ	エ

3章　タンパク質とアミノ酸

問 3-A　アミノ酸に関する記述のうち、誤っているのはどれか。1つ選べ。
(1) アミノ酸は、酸性および塩基性基をもつ両性電解質である。
(2) バリン・ロイシン・イソロイシンは、いずれも分枝鎖アミノ酸（BCAA）である。
(3) アスパラギンやグルタミンは酸性アミノ酸であり、生理的 pH では負電荷をもつ。
(4) プロリンは、第二級 α-アミノ酸である。

問 3-B　アミノ酸やタンパク質に関する記述のうち、正しいのはどれか。2つ選べ。
(1) タンパク質中のシステインには、還元によりジスルフィド結合を形成するものがある。
(2) タンパク質が示す 280 nm での紫外線吸収は、おもにフェニルアラニンやプロリンなど芳香族アミノ酸によるものである。
(3) ミオシンは、イオンを輸送するタンパク質である。
(4) コラーゲン中のプロリンの多くは、ヒドロキシ化（水酸化）されている。
(5) タンパク質のリン酸化は、セリン・トレオニン・チロシン残基で起こる。

問 3-C タンパク質に関する記述のうち、正しいのはどれか。2つ選べ。
(1) ヘムタンパク質である酵素からヘムを除いた分子は、アポ酵素とよぶ。
(2) タンパク質はそれぞれ固有の等電点を有し、タンパク質がリン酸化されると一般に等電点は影響を受ける。
(3) タンパク質の変性とは、一次構造が破壊されることである。
(4) ヒストンは、リシン残基がアセチル化されると、DNAに対する親和性が高まる。

4章　核酸とヌクレオチド

問 4-A DNAの構造に関する記述のうち、正しいのはどれか。1つ選べ。
(1) 構成塩基は、アラニン(A)・グリシン(G)・システイン(C)・チロシン(T)の4種である。
(2) 構成糖は、D-リボースである。
(3) 生理的条件下では、おもに右巻き（右ねじの方向）の二重らせん構造をとる。
(4) 熱変性は、分子内ホスホジエステル結合の加水分解による。

問 4-B 核酸の構造と性質に関する記述のうち、正しいのはどれか。2つ選べ。
(1) 核酸はヌクレオチドのポリマーで、糖部分の3′位と5′位がリン酸ジエステル結合で連結している。
(2) 核酸のうち、糖部分がL-リボースのものがRNAであり、D-リボースのものがDNAである。
(3) 二本鎖DNAの相補的塩基対は、共有結合により形成される。
(4) 二本鎖DNAで、アデニンと対をなす塩基はグアニンである。
(5) mRNA（伝令RNA）はコドンをもち、tRNA（転移RNA）はアンチコドンをもつ。

第2部 酵素編

5章 酵素の性質と種類

問 5-A 酵素活性に関する記述のうち、正しいのはどれか。1つ選べ。
(1) 最適 pH とは、酵素活性が最大になる時の反応系の pH のことである。
(2) 動物細胞由来の酵素は、いずれも最適 pH が中性か弱アルカリ性である。
(3) 酵素反応の速度は一般に、温度による影響は受けない。
(4) 酵素反応の速度は一般に、基質の鏡像異性体間では差がないが、構造異性体間では大きな差がある。

問 5-B 酵素反応に関する記述のうち、誤っているのはどれか。1つ選べ。
(1) 酵素に基質が結合すると、一般に酵素の立体構造が変化する。
(2) 酵素は、化学反応の進行に必要な活性化エネルギーを低下させる。
(3) 酵素活性に必須の因子（補因子）には、酵素と共有結合しているものもある。
(4) アポ酵素は、補欠分子族や補因子を含む。

問 5-C 酵素の種類に関する記述のうち、正しいのはどれか。1つ選べ。
(1) ホスホリパーゼは、リン脂質を合成する酵素である。
(2) タンパク質リン酸化酵素は、プロテインホスファターゼとよばれる。
(3) デヒドロゲナーゼは、水素原子を取り除く酸化還元酵素である。
(4) キナーゼは、基質に無機リン酸を結合させる転移酵素である。

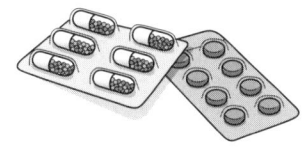

6章　酵素の速度論とエネルギー論

問 6-A 酵素反応に関する記述のうち、正しいものはどれか。2つ選べ。
(1) ミカエリス-メンテンの解析では、基質濃度の減少や生成物濃度の上昇が無視できるよう、反応の初期速度に着目する。
(2) ミカエリス定数（K_m）とは、反応速度が最大値（V_{max}）の半分となる時の酵素濃度である。
(3) ミカエリス定数が大きいほど、酵素と基質の親和性は大きい。
(4) 拮抗阻害剤は、酵素に可逆的に結合して活性を阻害する。

問 6-B 酵素反応に関する記述のうち、正しいものはどれか。1つ選べ。
(1) 不可逆阻害された酵素は、活性測定時の基質濃度を高めると、一般に阻害の程度が下がる。
(2) 拮抗阻害剤は、酵素に可逆的に結合して、基質が活性中心（触媒部位）に接近するのを妨げる。
(3) 酵素に拮抗阻害剤を加えても、見かけのミカエリス定数（K_m）は阻害剤非存在時と変わらない。
(4) 酵素に拮抗阻害剤を加えると、見かけの最大反応速度（V_{max}）は阻害剤非存在時より低下する。

7章　代謝系の全体像

問 7-A 酵素の調節に関する記述のうち、誤っているものはどれか。1つ選べ。
(1) カルモジュリンは、細胞内信号物質である Ca^{2+} を結合して、酵素活性やタンパク質の機能を調節する。
(2) 酵素はリン酸化されると、一般に活性が上昇する。
(3) 基質以外の物質が酵素の活性部位とは別の部位に結合して酵素活性を変化させることを、ヘテロトロピックなアロステリック効果とよぶ。

(4) ペプシンやキモトリプシンは、前駆体がタンパク質分解酵素により切断されて生じる。

問 7-B 代謝調節に関する記述のうち、正しいのはどれか。2つ選べ。
(1) グリコーゲン合成酵素は、アドレナリンによって活性化される。
(2) HMG-CoA 還元酵素は、コレステロールによるフィードバック制御を受ける。
(3) 環状 AMP（cAMP）は細胞内信号物質であり、タンパク質リン酸化酵素 A（PKA）を活性化する。
(4) 鍵酵素（律速酵素）とは、代謝経路で最も速い段階を触媒する酵素である。

8章　ビタミンとミネラル

問 8-A ビタミンに関する記述について、正しいのはどれか。2つ選べ。
(1) ビタミン A 誘導体の 11-*cis*-レチナールは、網膜における光受容体の機能に必要である。
(2) ビタミン B_1 は、チアミン二リン酸の形でアミノ酸の脱アミノ化反応に関与する。
(3) ビタミン B_2 は、肝臓で生合成することはできないが、腸内細菌が合成することはある。
(4) ビタミン B_6 は、ピリドキサルリン酸として糖代謝系のアルデヒド基転移反応に関与する。

問 8-B ビタミン欠乏がもたらす疾患のうち、正しいのはどれか。2つ選べ。
(1) ビタミン A　　　―　　　くる病
(2) ビタミン B_1　　　―　　　脚気
(3) ビタミン B_{12}　　　―　　　壊血病
(4) ビタミン D　　　―　　　巨赤芽球性貧血
(5) ビタミン K　　　―　　　血液凝固障害

問 8-C ビタミンに関する記述のうち、正しいものの組合せはどれか。
a 葉酸が不足すると、DNA と RNA の生合成が抑えられる。
b ビタミン D は脾臓で活性化され、標的細胞の核内受容体に結合して作用する。
c 多価不飽和脂肪酸を多く摂取すると、ビタミン E の摂取量は少なくてすむ。
d 抗生物質の長期投与時には、ビタミン K の必要量が増加する。
　(1) a と b　　(2) a と c　　(3) a と d　　(4) b と c
　(5) b と d　　(6) c と d

問 8-D ミネラル（無機質）に関する記述のうち、正しいのはどれか。2つ選べ。
(1) ミネラルは微量栄養素であり、その一部である金属原子を必要とする酵素は1割以下と少ない。
(2) 亜鉛は多くの酵素に含まれる金属元素であり、欠乏すると聴覚障害を引き起こす。
(3) リンは核酸の構成成分である。
(4) カルシウムは、血中濃度が下がると、活性型ビタミン D の量が増えて腸管での吸収や腎臓での再吸収が促進される。

第3部　代謝編

9章　糖質の代謝

問 9-A 解糖系に関する記述のうち、正しいのはどれか。2つ選べ。
(1) 関与する酵素は、いずれもミトコンドリアに存在する。
(2) 1分子のグルコースが2分子のピルビン酸に変換される。

(3) グルコースが分解される過程で、中間体が酸素分子と反応して酸化される。
(4) グルコースが分解される過程で、中間体としてリン酸化体を経由する。

問 9-B 五炭糖リン酸経路（ペントースリン酸回路）に関する記述のうち、正しいのはどれか。2つ選べ。
(1) この経路の酵素は、細胞質ゾルとミトコンドリアにまたがって存在する。
(2) この経路により、核酸の生合成に必要な D-リボースが生成する。
(3) この経路により、脂肪酸やステロイドの生合成に必要な NADPH が生成する。
(4) グルコース1分子の分解によって生成される ATP は、解糖系では2分子なのに対し、この経路では1分子である。

問 9-C 人体におけるグリコーゲン代謝に関する記述のうち、正しいのはどれか。2つ選べ。
(1) グリコーゲンにグリコーゲンホスホリラーゼが作用すると、グルコース1-リン酸が生成する。
(2) グリコーゲンは、CDP-D-グルコースを基質とし、グリコーゲン合成酵素の作用により合成される。
(3) 筋肉では、グリコーゲンが加水分解され、血液中に D-グルコースが放出される。
(4) グルカゴンは、肝臓でのグリコーゲン分解を促進する。

10章　好気的代謝の中心

問 10-A クエン酸回路に関する記述のうち、正しいのはどれか。2つ選べ。
(1) 関与する酵素群は、ミトコンドリアに存在する。
(2) アセチル CoA とリンゴ酸が縮合して、クエン酸が生成する。
(3) 1分子のアセチル CoA の酸化に伴い、2分子の CO_2 が生成する。

(4) 脱水素反応を触媒する酵素の補酵素として、$NADP^+$ および FAD が用いられる。

問 10-B 酸化的リン酸化に関する記述のうち、誤っているのはどれか。1つ選べ。
(1) 電子が NADH から酸素分子に伝達されると、プロトン (H^+) がミトコンドリア内から細胞質ゾルへ放出される。
(2) 補酵素 Q (CoQ) は、電子の授受に関与する。
(3) シトクロム P450 は、ミトコンドリアにおける電子伝達系の主要成分ではない。
(4) 細菌にはミトコンドリアがないため、酸化的リン酸化は起こらない。

問 10-C 生体エネルギーに関する記述である。正しいものの組合せはどれか。
a　ミトコンドリアの電子伝達系は、ATP を用いて H^+ の電気化学的勾配を形成する。
b　ミトコンドリアの ATP 合成酵素は、NADH を酸化して H^+ 駆動力を得る。
c　グルコースの好気的代謝によって生じる ATP は、嫌気的代謝より 10 倍以上多い。
d　脱共役タンパク質 (UCP) は、電子伝達と ATP 合成の間を脱共役させる。
　(1) a と b　　(2) a と c　　(3) a と d　　(4) b と c
　(5) b と d　　(6) c と d

11 章　脂質の代謝

問 11-A 脂質代謝に関する記述のうち正しいのはどれか。2つ選べ。
(1) 脂肪酸の生合成は、アセチル CoA を材料として、ミトコンドリアのマトリクス内で行われる。
(2) 生体内のコレステロール合成量は、食事からの摂取量やコレステロール

の利用量により調節されている。
(3) リノール酸は人体内で生合成されるので、必ずしも食品から摂取する必要はない。
(4) 細胞膜の糖タンパク質や糖脂質の糖鎖部分は、細胞外に面している。

問 11-B 人体でのステロイド生合成に関する次の記述の ☐ 欄に入れるべき字句の正しい組合せはどれか。

　動脈硬化の発症に深く関わるコレステロールは、 a を出発物質として、炭素数 30 の構造をもつ b を経て合成される。その後メチル基 3 つが失われて、炭素数 27 のコレステロールが生成する。この生合成経路の鍵酵素である 3-ヒドロキシ-3-メチルグルタリル CoA(HMG-CoA) 還元酵素は、炭素数 6 の c が生成する反応を触媒する。この酵素の阻害薬は、高コレステロール血症の治療に用いられる。

	a	b	c
(1)	メバロン酸	アセチル CoA	ファルネシルピロリン酸
(2)	メバロン酸	ファルネシルピロリン酸	スクアレン
(3)	メバロン酸	アセチル CoA	スクアレン
(4)	アセチル CoA	スクアレン	ファルネシルピロリン酸
(5)	アセチル CoA	スクアレン	メバロン酸
(6)	アセチル CoA	ファルネシルピロリン酸	メバロン酸

問 11-C 人体における脂質代謝に関する記述のうち、誤っているのはどれか。2 つ選べ。
(1) エイコサペンタエン酸（EPA）は、パルミチン酸から合成される。
(2) アラキドン酸は、リノール酸から合成される。
(3) アラキドン酸は、略号が 20:4 (5,8,11,14) で、ロイコトリエンを生合成するための前駆体となる。
(4) コレステロール合成の律速酵素は、コレステロール -7α- ヒドロキシラー

ゼである。

12章　アミノ酸の代謝

問 12-A 尿素回路に関する記述の 〔　　〕 の中に入れるべき字句の正しい組合せはどれか。

アミノ酸の代謝で生成した有毒なアンモニアは、主に〔 a 〕で〔 b 〕となった後、オルニチンと反応して〔 c 〕を生成し、さらにアルギニンなどを経て無害な尿素となり、尿中に排泄される。

	a	b	c
(1)	肝臓	チアミンピロリン酸	スペルミジン
(2)	肝臓	カルバモイルリン酸	シトルリン
(3)	肝臓	クレアチンリン酸	プトレッシン
(4)	腎臓	クレアチンリン酸	スペルミジン
(5)	腎臓	チアミンピロリン酸	シトルリン
(6)	腎臓	カルバモイルリン酸	プトレッシン

問 12-B アミノ酸の代謝異常に関する記述のうち、正しいのはどれか。2つ選べ。

(1) フェニルケトン尿症は、フェニルアラニンヒドロキシラーゼの異常が原因である。
(2) アルカプトン尿症は、ヒスチジンの環構造を開裂させるオキシゲナーゼの異常が原因である。
(3) メープルシロップ尿症は、分枝鎖アミノ酸（BCAA）から生じる2-オキソ酸を酸化的に脱炭酸するデヒドロゲナーゼの異常が原因である。
(4) 高アンモニア血症は、アミノ酸の循環や排泄が異常に高まる疾患であり、タンパク質の摂取量を増やして治療する。

問 12-C 人体内に見出される窒素化合物とその前駆体アミノ酸の組合せのうち、正しいのはどれか。2つ選べ。
(1) セロトニン ― フェニルアラニン
(2) アドレナリン ― トリプトファン
(3) γ-アミノ酪酸（GABA） ― グルタミン酸
(4) 尿酸 ― ロイシン
(5) 尿素 ― アルギニン

13章　ヌクレオチドの代謝

問 13-A ヌクレオチドの代謝に関する記述のうち、正しいのはどれか。2つ選べ。
(1) アデノシン5′-一リン酸（AMP）とグアノシン5′-一リン酸（GMP）は、イノシン5′-一リン酸（IMP）を経由して生合成される。
(2) ウリジン5′-三リン酸（UTP）は、シチジン5′-三リン酸（CTP）から生合成される。
(3) プリン塩基は、サルベージ経路によって再利用される。
(4) ピリミジン塩基は、酸化されて尿酸となって排泄される。

問 13-B ヌクレオチド代謝に関する記述について、正しいのはどれか。2つ選べ。
(1) プリン塩基は、遊離の環構造が生合成されてから、糖部分に結合する。
(2) ピリミジン塩基は、遊離の環構造が生合成されてから、糖部分に結合する。
(3) ジヒドロ葉酸レダクターゼを阻害すると、プリンヌクレオチドの生合成が阻害される。
(4) チミジル酸（dTMP）は、リボチミジル酸（TMP）からレダクターゼの作用により生成する。

問 13-C 核酸の機能に関する記述について、正しいのはどれか。1つ選べ。
(1) DNA リガーゼは、ヌクレオチド単量体をつなぎ合わせ、新しい DNA 鎖を形成する合成酵素である。
(2) DNA ポリメラーゼは、伸長中の DNA 鎖の 5′- 末端にヌクレオチドを付加する反応を触媒する。
(3) ウイルスで発見された逆転写酵素は、RNA ポリメラーゼの一種である。
(4) 開始コドンはアミノ酸を指定するが、終止コドンには指定するアミノ酸がない。
(5) すべての標準アミノ酸は、それぞれ複数のコドンを有する。

14章　総合問題　― 代謝系の相互関係 ―

問 14-A 次の代謝経路のうち、ATP の生成に寄与しないものはどれか。2つ選べ。
(1) 解糖系　　(2) 糖新生　　(3) 五炭糖リン酸経路（ペントースリン酸回路）
(4) クエン酸回路　　(5) 脂肪酸 β 酸化系

問 14-B 飢餓状態で亢進される代謝経路は、図中の (1) 〜 (4) のうちどれか。1つ選べ。

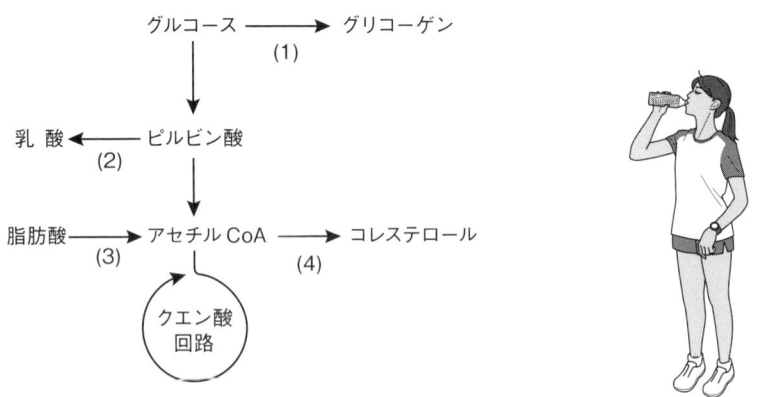

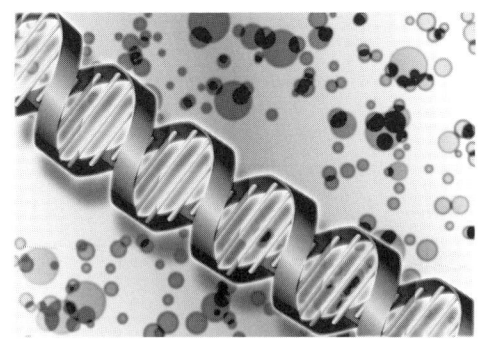

目　次

第1部　構造編　1

1章　糖　質 ………………………………………………………………… 2
例題 1.1 —— 2　　例題 1.2 —— 4
演習問題 —— 4　　演習問題の解答と解説 —— 7

2章　脂　質 ………………………………………………………………… 13
例題 2.1 —— 13　　例題 2.2 —— 15　　例題 2.3 —— 16
演習問題 —— 17　　演習問題の解答と解説 —— 20

3章　タンパク質とアミノ酸 ……………………………………………… 27
例題 3.1 —— 27　　例題 3.2 —— 28　　例題 3.3 —— 30
演習問題 —— 31　　演習問題の解答と解説 —— 34

4章　核酸とヌクレオチド ………………………………………………… 40
例題 4.1 —— 40　　例題 4.2 —— 42
演習問題 —— 43　　演習問題の解答と解説 —— 45

第2部　酵 素 編　49

5章　酵素の性質と種類 …………………………………………………… 50
例題 5.1 —— 50　　　例題 5.2 —— 52
演習問題 —— 53　　　演習問題の解答と解説 —— 57

6章　酵素の速度論とエネルギー論 ……………………………………… 63
例題 6.1 —— 63　　　例題 6.2 —— 65
演習問題 —— 66　　　演習問題の解答と解説 —— 70

7章　代謝系の全体像 ……………………………………………………… 83
例題 7.1 —— 83　　　例題 7.2 —— 84
演習問題 —— 85　　　演習問題の解答と解説 —— 88

8章　ビタミンとミネラル ………………………………………………… 92
例題 8.1 —— 92　　　例題 8.2 —— 93
演習問題 —— 94　　　演習問題の解答と解説 —— 95

第3部　代 謝 編　99

9章　糖質の代謝 …………………………………………………………… 100
例題 9.1 —— 100　　　例題 9.2 —— 102
演習問題 —— 103　　　演習問題の解答と解説 —— 107

10章　好気的代謝の中心 ………………………………………………… 111
例題 10.1 —— 111　　例題 10.2 —— 112
演習問題 —— 114　　演習問題の解答と解説 —— 117

11章　脂質の代謝 ………………………………………………………… 122
例題 11.1 —— 122　　例題 11.2 —— 123
演習問題 —— 124　　演習問題の解答と解説 —— 126

12章　アミノ酸の代謝 …………………………………………………… 130
例題 12.1 —— 130　　例題 12.2 —— 131
演習問題 —— 131　　演習問題の解答と解説 —— 133

13章　ヌクレオチドの代謝 ……………………………………………… 138
例題 13.1 —— 138　　例題 13.2 —— 139
演習問題 —— 140　　演習問題の解答と解説 —— 141

14章　総合問題 －代謝系の相互関係－ ………………………………… 144
演習問題 —— 144　　演習問題の解答と解説 —— 149

チャレンジ問題の解答と解説　152
索　引　170

豆知識

1 "iso-"は「同じ」か「異なる」か？　8
2 「鉄の女」が取り組んだ柔らかい膜　22
3 負電荷を帯びない「酸性残基」とは？　29
4 塩基をもつのに、核「酸」とは？　42
5 よく効く新薬はマブいナースが打つ？　51
9 「発酵」の狭義と広義　102
10 「模式図」の魅力と魔力　121
11 香り高きテルペン　129
13 人体の回転分子モーターは「燃費」がよい　143
14 代謝系と膜輸送の深い関係　151

第1部
構造編

1. 糖　質……………………………… 2
2. 脂　質……………………………… 13
3. タンパク質とアミノ酸…………… 27
4. 核酸とヌクレオチド……………… 40

写真提供：PIXTA（ピクスタ）

1 糖 質

　糖質は自然界に最も多く存在する有機物であり、生物界で最も基本となるエネルギー源である。また、核酸などもっと複雑な生体物質の構成成分でもある。糖質では、化学的性質や生理的役割の理解とともに、単糖の異性体や立体化学、および少糖（オリゴ糖）や多糖の結合の組合せにまつわるやや数学的な考察も要求される。また、化学反応における反応物や生成物の量を求める計算問題もある。

例題 1.1

　下は糖質の基本構造に関する文章である。かっこ内に最適な語句を埋めよ。

1 糖質は重合度によって3群に分類される。単量体を【①　　　】、オリゴマーを【②　　　　】、多量体を【③　　　　】という。

2 単糖分子は、アルデヒド基かケトン基のいずれか1つと、複数の【④　　　　】基をもつ。アルデヒド基をもつ糖を【⑤　　　　】、ケトン基をもつ糖を【⑥　　　】とよぶ。化学式の一般式は【⑦　　　】と表せる（ただしここで $n \geq 3$）。$n = 3$ の糖を三炭糖あるいは【⑧　　　　】とよび、$n = 4$ の糖を【⑨　　　】あるいはテトロースという。

3 アルドヘキソースには、不斉炭素が【⑩　】個あるので、立体異性体が【⑪　】個ある。ヒトの「血糖」ともよばれる代表的な単糖は、そのうちの【⑫　　　　】である。

4 アルデヒド基やケトン基は反応性の高い官能基であり、分子内の【④　　　】基と反応して結合し、分子が環化することがある。環化により不斉炭素が【⑬　　　】個増える。それに伴って増える異性体を【⑭　　　】という。【⑫　　　】の場合、環状構造の分子を【⑮　　　】という。

解答　**1** ①単糖、②少糖（オリゴ糖）、③多糖。
2 ④ヒドロキシ、⑤アルドース、⑥ケトース、⑦ $C_nH_{2n}O_n$、⑧トリオース、⑨四炭糖。
3 ⑩ 4、⑪ 16、⑫グルコース。
4 ⑬ 1、⑭アノマー、⑮ピラノース（あるいはグルコピラノース）。

解説　**1** 3章のタンパク質・アミノ酸や4章の核酸・ヌクレオチドにも同様に**重合度の3分類**があるので、統一的に理解すること。

2 ヒドロキシ基（-OH）をもつ炭化水素をアルコールという。糖のように、それを複数もつ場合は多価アルコールという。糖の語尾は共通に -ose 。有機化学で学ぶ有機化合物と、生化学で学ぶ生体物質の関係をまとめておくこと。とくに、**数を表す接頭辞**や**物質の種類を表す接尾辞**（親本 図4.2 参照 → p.75）を理解すると、系統的に把握しやすい。

3 炭素原子数 n 個のアルドース分子には、不斉炭素は $(n-2)$ 個あり、それによる構造異性体は 2^{n-2} 個ある。アルドヘキソースだと、$n=6$ で、異性体数は $2^{6-2} = 2^4 = 16$ 個（親本 図1.1 には、そのうち半数の 8 個を示す→ p.5）。**異性体の数は計算で求まる**ので、ここでの鎖状構造の場合と次の環状構造の場合に分けて理解しておくこと。

生化学は「暗記もの」として嫌われがちだが、実際には理屈や計算に基づいて合理的・法則的に理解できる部分も多いので、系統的に勉強するよう心がけたい。

例題 1.2

D-グルコースを酸化して得られるアルドン酸・アルダル酸・ウロン酸の3つについて、それぞれの名称と構造を書け。構造はフィッシャーの投影式で示すこと。

解答 アルドン酸：D-グルコン酸、アルダル酸：D-グルカル酸、ウロン酸：D-グルクロン酸。

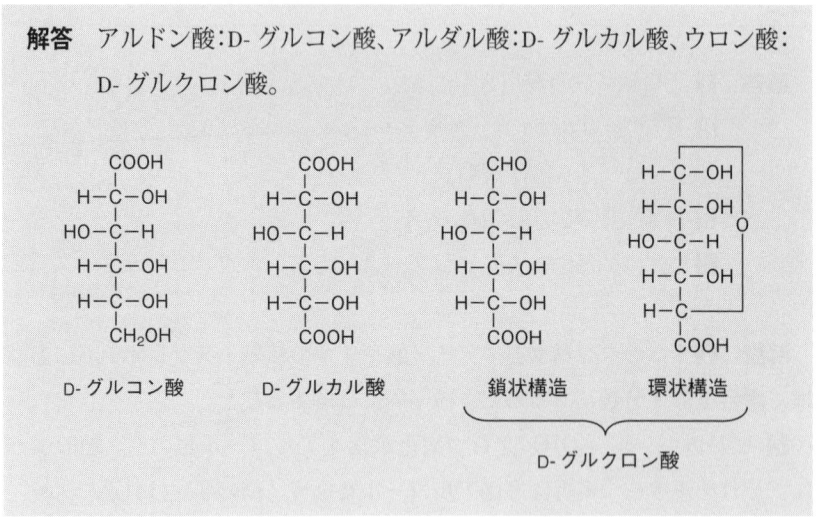

解説 酸化されてできる3種の誘導体のうち、環化しうるのはアルデヒド基が残るウロン酸だけ。ウロン酸の環状分子には α と β のアノマーがあり、そのうち α アノマーを**ハースの投影式**で書き表したのが親本の図1.9(b)（→ p.16）である。

・・・・・・・・・・・演習問題・・・・・・・・・・・

問 1.1 糖質を「炭水化物（carbohydrate）」ともよぶのはなぜか。語源を説明せよ。

問 1.2 五炭糖（ペントース）にはいくつの異性体があるか。

演習問題　5

問 1.3　β-L-ガラクトースの構造をハースの投影式で描け。また、その6位を還元してできる誘導体を何とよぶか。

問 1.4　ケトヘプトースである D-セドヘプツロースの β-ピラノース型の構造をフィッシャーとハースの両投影式で書け。また、次の問に答えよ。
(1) 不斉炭素は何個か。
(2) それら不斉炭素をめぐる立体配置の違いで、異性体は何個考えうるか。
(3) 鏡像異性体の構造を書け。(ハースの投影式で。下の (4)〜(7) も同じく)
(4) アノマーの構造を書け。
(5) アノマー以外のエピマーの構造を1つ書け。
(6) ジアステレオマーの構造を1つ書け。
(7) α-フラノース型の構造を書け。
(8) 構造異性体の構造を1つ書け。(フィッシャーの投影式で)

```
       CH₂OH
        |
        C=O
        |
    HO—C—H
        |
     H—C—OH
        |
     H—C—OH
        |
     H—C—OH
        |
       CH₂OH
   D-セドヘプツロース
```

問 1.5　グルコースは、63％が β ピラノース、37％が α ピラノースの環状構造で存在している (親本 図 1.5(b) → p.11)。いずれの構造でも、還元性のアルデヒド基は分子内環化反応でふさがっているのに、グルコースは「還元糖である」といわれる。なぜか。

問 1.6　糖アルコールは、糖を還元することによってできる。D-ソルビトールとキシリトールは、それぞれどの糖の還元で生成されるか、フィッシャーの投影式で書け。複数の糖からできる場合は、

```
       CH₂OH                    CH₂OH
        |                        |
     H—C—OH                   H—C—OH
        |                        |
    HO—C—H                   HO—C—H
        |                        |
     H—C—OH                   H—C—OH
        |                        |
     H—C—OH                  HO—C—H
        |                        |
       CH₂OH                    CH₂OH
    D-ソルビトール              キシリトール
```

すべて書け。

問 1.7 3つの単糖、グルコース・ガラクトース・マンノースがそれぞれ1つずつ結合してできる三糖は何種類考えられるか。いずれもピラノース型環構造をとると仮定せよ。3種のアミノ酸1つずつからできるトリペプチドの数と比較せよ。

問 1.8 二糖誘導体のスクラロース（sucralose）は、砂糖の600倍の甘さをもつが、消化・吸収されないため低カロリーの飲料やアイスクリームなどに配合されている。正式名（IUPAC名）は 1,6-dichloro-1,6-dideoxy-β-D-fructofuranosyl-4-chloro-4-deoxy-α-D-galactopyranoside と書くことができる。この構造をハースの投影式で書け。

問 1.9 糖質のうち、生理的に重要な (1) 二糖、(2) 貯蔵多糖、(3) 構造多糖の例を、それぞれ2つずつ挙げよ。また、それぞれの構成単位と、由来（存在場所）について簡単に述べよ。

問 1.10 トレンス試薬（アンモニア性硝酸銀水溶液）は糖質の還元末端を検出する試薬であり、アルドースを酸化してアルドン酸に変える。6.48 g のアミロペクチンをトレンス試薬で処理し、完全メチル化後に加水分解すると、メチル化糖の混合物が得られた。そこには 2,3-ジ-O-メチル-D-グルコース 6.0 mmol と 2,3,6-トリ-O-メチル-D-グルコン酸 3.0 µmol が含まれていた。このアミロペクチンの分岐割合と、平均分子量を求めよ。分岐割合は、全グルコース残基のうち分岐点をなす残基の割合とする。

◇◇◇◇◇◇◇ **演習問題の解答と解説** ◇◇◇◇◇◇◇

問 1.1 解答 糖質の一般式 $C_mH_{2n}O_n$ は、$C_m(H_2O)_n$ と書き換えることができる。つまり糖質はもともと、炭素（carbon）を水和（hydrate）してできた物質と考えられていた。

解説 生化学では、分子の基本構造や化学的性質を重視する立場から、「糖質」と「炭水化物」を同義語とする。しかし栄養学では、ヒトの栄養になるかどうかという生物学・生理学を重視する立場から、「炭水化物」のうち分解・吸収・利用可能なものだけを「糖質」とよぶ。そうでなく腸管を通過するものは、「食物繊維」とよんで区別する。

問 1.2 解答 ケトペントースに 4 つ、アルドペントースに 8 つ、計 12 個の異性体がある。

解説 ケトペントースには、D-リブロース・D-キシルロースおよびそれぞれの L 型の鏡像異性体がある（親本 図 1.2 → p.6）。アルドペントースにも、図 1.1（→ p.5）の 4 つと、それぞれの L 型の鏡像異性体がある。なおアルドペントースには、それぞれ鎖状構造のほか 2 つの環状構造がある。D-リボースの場合、それは α-D-リボフラノースと β-D-リボフラノースの 2 つのアノマーであり、このうち後者が核酸 RNA の部分構造になっている。

問 1.3 解答 6 位を還元した誘導体：β-L-フコース

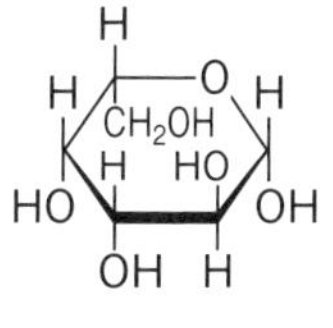

解説 L 型の糖の環状構造は、よりなじみ深い D 型の糖の構造式を鏡に写した形に描けばよい。その「鏡」は必ずしも糖の右や左に置く必要はなく、上下に置いても同じことである。解答例は上下に置いた例である。

このβ-L-ガラクトースの 6 位を還元すると、ヒドロキシメチル基 -CH$_2$OH がメチル基 -CH$_3$ に変わり、親本 図 1.9(c)（→ p.16）に示したβ-L-フコースになる。

豆知識 1 "iso-" は「同じ」か「異なる」か？

"Isomer" は「異性体」と訳されるのに対し、"isotope" は「同位体」と訳される。共通に "iso-" で始まる語が、1 つは「異」で始まる日本語に訳され、もう 1 つはまったく逆の「同」で始まる言葉に訳される。では、"iso-" という接頭辞はもともと、「異なる」という意味なのだろうか、「同じ」という意味なのだろうか？

答えは「同じ」（= 等しい）が正解である。"isoelectric point" は「等電点」であり、"isotonic solution" は「等張液」である。ではなぜ isomer を「異」性体と訳すのだろうか？

化学や生化学でなじみの isomer（異性体）とは、「各原子の数（元素の組成）が同じなのに、分子構造の異なる物質」という意味である。また物理学に出てくる isotope（同位体）とは、炭素 ^{12}C と ^{14}C のように、「原子番号（すなわち原子核の陽子数）が同じなので同じ元素でありながら、質量数（すなわち原子核の中性子数）が異なるため重さの異なる核種」という意味である。いずれもその意味（定義）の中に「同じ」という概念と「異なる」という概念の両方が含まれている。日本語の「異性体」はそのうち「異なる」という概念を名称に取り込み、「同位体」は「同じ」という概念を名前に取り込んだわけである。英語（欧語）の "isomer" と "isotope" は、いずれも「同じ」という概念を名前に取り込んだわけである。語句は短い方が便利であり、意味内容を十全に取り込もうとすると「ジュゲムジュゲム、、、」のような長い名前になってしまう。日本語も英語も「2 つの概念のうち「同」か「異」の一方だけを用語に採用し、簡潔に単純化している」という点では共通である。

ところで "isotope" の後半の "-tope" は、"topos（場所・位置の意）" に由来する。したがって「同位体」は「iso ＝同、tope ＝位」と逐次対応しており、この日本語は欧語の「直訳」だといえよう。その意味で「異性体」は欧語の「直訳」ではない。しかし語義にさかのぼって考えれば「同」「異」のどちらを取り込むのも似たり寄ったりで、優劣はつけがたい。

なお、"iso（同じ）" の反意語は "allo（異なる）" であり、"allosteric effect（アロステリック効果、7 章）" や "allopurinol（痛風治療薬の 1 つ、13 章）" などに出てくる。"Allotrope" とは、ダイヤモンドと黒鉛（グラファイト）のように「同じ元素（この場合は炭素）の単体でありながら、原子の配列や結合様式が異なる物質」のことであり、「同素体」と訳される。意味（定義）に含まれる「同じ」と「異なる」の両概念のうち、欧語では後者を名称（allotrope）に取り込み、日本語では前者を名称（同素体）に取り込んでいる。ちょうど「isomer 対 異性体」と裏返しの関係になっている。

問 1.4 解答

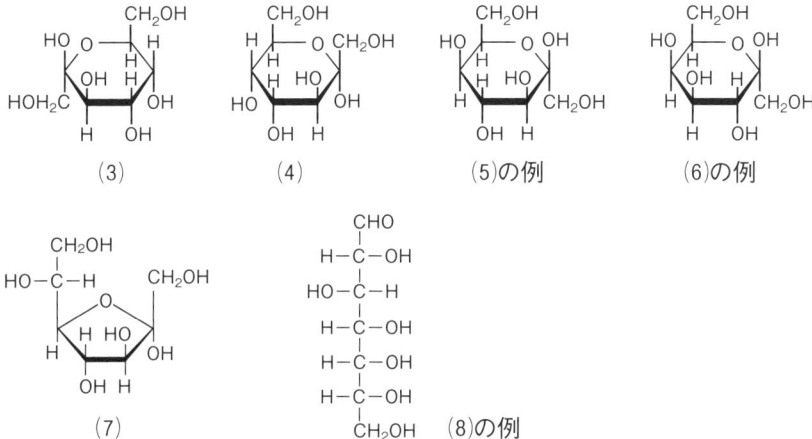

フィッシャーの投影式　　ハースの投影式

(1) ハースの投影式より、2 位～ 6 位の 5 つ。(2) $2^5 = 32$ 個。

解説　D- セドヘプツロースは、ペントースリン酸経路に登場する（親本図 9.10 → p.201）。

問 1.5 解答
グルコースは、1%未満のわずかな割合ながら、アルデヒド基の遊離した鎖状構造も存在しており、環状の両ピラノースとも速く相互変換する平衡が成り立っている。したがって化学反応によりアルデヒド基が還元剤として消費されると、環状構造は連続的に鎖状構造へと変換され、還元反応にたずさわる。

解説　「現存量」はわずかでも、平衡関係が成り立っている場合の「効力」は多大である、というケースに要注意。

問 1.6 解答

還元でD-ソルビトールを生じるのは下の3つの六炭糖

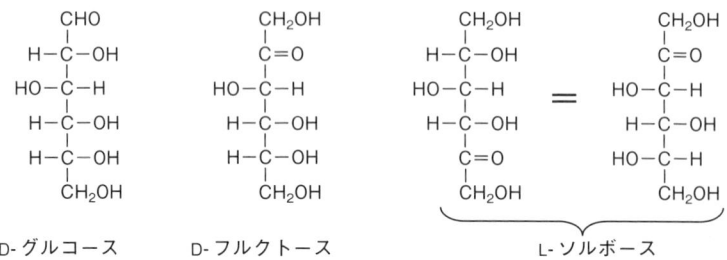

還元でキシリトールを生じるのは下の2つの五炭糖

解説 キシリトールはメソ体（不斉炭素が2つあるが、分子全体は対称的）なので、D、Lの異性体はない。D-ソルビトールは3つの六炭糖から生成され、キシリトールはD、L両型のキシロースからできる。

問 1.7 解答
まずトリペプチドから考えると、3つのアミノ酸の順列で；
$$3 \times 2 \times 1 = 6 \text{ (通り)}$$
三糖の場合は、単糖の順列のほかに、結合の種類の組み合わせも考えて；
$$[(2 \times 4) \times \{(2 \times 4) + (3 \times 2)\} + (2 \times 2) \times (4 \times 2)] \times 6/2 = 432 \text{ (通り)}$$

解説 トリペプチドは3つのアミノ酸の順列だけなので、計算が簡単。三糖はさらに結合の種類の組み合わせも加わるため、より多様。三糖ともアル

ドースなので、グリコシド結合の片方は1位だが、相手は1, 2, 3, 4, 6のいずれの可能性もあり、またα, βアノマーの組み合わせもありうる。詳述は避けるが、解答例のように432通りと計算でき、ペプチドの場合の72倍となる。

問 1.8 解答

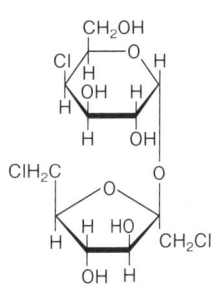

解説 スクラロースは別名 4,1',6'-トリクロロガラクトスクロースともいう。なお、問題文にある正式名において、2つの単糖単位でともに環構造が指定されていることにより、いずれもヘミアセタール・ヘミケタール性ヒドロキシ基が結合に関わっていることが示されている（フルクトースでは2位、ガラクトースでは1位）ため、「(2→1)」のような位置を示す番号が付されていない。

問 1.9 解答
(1) 二糖：①ラクトース；グルコースとガラクトース1分子ずつ。ミルク（母乳や牛乳）に由来。②マルトース；グルコース2分子。デンプンの分解産物。
(2) 貯蔵多糖：①デンプン；グルコースの重合体で、α(1→4) 結合で直鎖状に連なったアミロースと、そこからα(1→6) 結合で枝分かれのあるアミロペクチンとの混合物。植物の貯蔵多糖で、穀物やイモ類などの主成分。②グリコーゲン；グルコースの重合体でアミロペクチンと似ているが、枝分かれの密度がもっと高い。動物の貯蔵多糖で、肝臓や筋肉にある。
(3) 構造多糖：①セルロース；グルコースの重合体だが、デンプンと異なりβ(1→4) 結合で直鎖状に連なる。植物の細胞壁。② N-アセチルグルコサミンがβ(1→4) 結合で直鎖状に連なる。昆虫やカニ・エビなど甲殻類の殻やキノコ。

解説 (1) ほかにスクロースなどでも可（親本参照）。なお、二糖 (disaccharide)・三糖 (trisaccharide)・四糖 (tetrasaccharide)・・・の系列と、三炭糖 (triose)・四炭糖 (tetrose)・・・の系列を混同しないように。前者

の数字は、少糖のうちの単糖単位の数を表し、後者の数字は単糖分子の中の炭素原子の数を示す。

(2) (3) 糖質の性質は、構成単位の種類はもちろん、結合の種類によっても大きく異なることに注意。

問 1.10 解答 アミロペクチン中のグルコース残基の化学式は一般に $C_6H_{10}O_5$ なので、残基の分子量は、

$$12 \times 6 + 1 \times 10 + 16 \times 5 = 162。$$

したがって試料中のグルコース残基の総量は、

$$6.48 \, \text{g} / (162 \, \text{g/mol}) = 40 \, \text{mmol}$$

このうち分岐点のグルコース残基が 6.0 mmol だから、分岐割合としてその比をとると、

$$6.0 \, \text{mmol} / 40 \, \text{mmol} = 15\% \qquad ⇨（答 1）$$

一方、アミロペクチン分子中に還元末端は 1 つだけなので、その分子量は、

$$6.48 \, \text{g} / 3.0 \, \mu\text{mol} = 2.16 \times 10^6 \, \text{g/mol}$$

で計算され、216 万。　　　　　　　　　　　　　　　⇨（答 2）

解説 アミロペクチンの直鎖部分は $\alpha(1 \to 4)$ 結合しており、分岐点は $\alpha(1 \to 6)$ 結合している（親本 図 1.12(a) → p.23）。還元末端のグルコースは、トレンス処理で 1 位のアルデヒド基が酸化されてグルコン酸になった上、空いている 2, 3, 6 位のヒドロキシ基がトリメチル化される。分岐点のグルコースは空いている 2, 3 位がジメチル化される。その後の加水分解で、この 2 つからそれぞれ問題文のメチル化物が生成される。

2 脂 質

　脂質には、単純脂質の脂肪や複合脂質のリン脂質などがある。このうち脂肪はエネルギー貯蔵物質すなわち代謝燃料としてはたらき、リン脂質は生体膜の主要な構成成分となっている。前者では重量とエネルギー量の関係が、後者では膜面積の計算が問われることもある。脂肪やリン脂質には誘導脂質の脂肪酸が含まれており、その多様性や、分子構造と化学的性質の関係を理解しておこう。

　生体では油と水の関係も重要であり、疎水性・親水性、脂溶性・水溶性の対概念も整理しておこう。また、水溶液で重要な官能基の解離や緩衝液に関する計算法も、ここで修得する。

例題 2.1

下は脂質と水に関する文章である。かっこ内に最適な語句を埋めよ。

１ 脂質は構成によって3群に分類される。脂肪酸などを【① 　　　】脂質、トリアシルグリセロールなどの脂肪を【② 　　　】脂質、リン脂質や糖脂質を【③ 　　　】脂質という。脂肪と脂質は、それぞれ英語で【④ 　　　】と【⑤ 　　　】という。

２ 水と油は溶け合わず、激しく振って無理やり混ぜ合わせても、静置すると自然に上下2層に分離する。油の方が比重は【⑥ 　　　】いので【⑦ 　　　】層にくる。水層によく溶ける物質を【⑧ 　　　】性物質とよび、油層によく溶ける物質を【⑨ 　　　】性物質という。1分子内の部分構造でも、水になじむ部分を【⑩ 　　　】性、油になじむ部分を

2．脂　質

【⑪　　】性と区別できる。

3【⑨　　】性の脂肪は分子全体が【⑪　　】性であるのに対し、リン脂質は【⑩　　】性のリン酸基や【⑪　　】性の脂肪酸残基を分子内に合わせもつ。このような物質の性質を【⑫　　】性という。

4【⑪　　】性の脂肪は、生体内で水和せずコンパクトに集合するため、かさばらない【⑬　　　　】貯蔵物質としての役割を果たす。一方【⑫　　】性のリン脂質は、【⑩　　】性部分を外に向け【⑪　　】性部分を内に隠した脂質【⑭　　】層という構造に会合する。このような脂質【⑭　　】層に膜タンパク質などが結合したものが、細胞の【⑮　　】膜である。

解答　**1** ①誘導、②単純、③複合、④ fat、⑤ lipid。
　　　　2 ⑥小さ、⑦上、⑧水溶、⑨脂溶、⑩親水、⑪疎水（あるいは親油）。
　　　　3 ⑫両親媒。
　　　　4 ⑬エネルギー、⑭二重、⑮生体（あるいは「細胞」など）。

解説　**1** 日本語の「脂肪」と「脂質」はよく似ているが、英語がまったく異なる単語であることからもわかるように、意味する範囲は全然違う。このように英語は、概念を明瞭に理解する助けにもなる。
　　　　2 親水性 - 疎水性の対概念は、細胞の構造や人体の機能に深く関わる。
　　　　3 脂質のすべてが油脂のように水と相いれない物質なのではなく、リン脂質のように水相中で独特の役割を果たすものもあることに注意。
　　　　4 人体における脂質の2大機能は、脂肪が受け持つエネルギー貯蔵と、リン脂質が担う生体膜の構成。

例題 2.2

次の脂質は、それぞれどの分類に属するか。

1　CH$_3$(CH$_2$)$_{10}$-CO-O-(CH$_2$)$_{11}$CH$_3$

2　CH$_3$(CH$_2$)$_5$-CH=CH-(CH$_2$)$_7$COOH

3　コレステロールの脂肪酸エステル（CH$_3$(CH$_2$)$_{16}$C(=O)-O- がステロイド骨格に結合）

4　ジアシルグリセロール
CH$_2$-O-CO-(CH$_2$)$_{14}$CH$_3$
CH-O-CO-(CH$_2$)$_{14}$CH$_3$
CH$_2$-OH

5　CH$_2$-O-CO-(CH$_2$)$_{16}$CH$_3$
CH-O-CO-(CH$_2$)$_{16}$CH$_3$
CH$_2$-O-P(=O)(O$^-$)-O-CH$_2$CH(NH$_3^+$)COO$^-$

6　HO-CH$_2$-CH(-NH-CO-(CH$_2$)$_{10}$CH$_3$)-CH=CH-(CH$_2$)$_{12}$CH$_3$
CH$_2$-O-P(=O)(O$^-$)-O-CH$_2$CH$_2$-N$^+$(CH$_3$)$_3$

解答 ■1 単純脂質のロウ。■2 誘導脂質の不飽和脂肪酸。■3 単純脂質のコレステロールエステル。■4 単純脂質のジアシルグリセロール。■5 複合脂質のグリセロリン脂質の1つ。■6 複合脂質のスフィンゴリン脂質の1つ。

解説 代表的な脂質、中でも特に複合脂質の分子構造のパターンを理解しておくこと。
■1 高級脂肪酸と高級アルコールのエステル。■2 パルミトレイン酸。■3 この構造式で左端の長鎖脂肪酸は、C_{18}-飽和脂肪酸のステアリン酸。■4 中性脂肪の1種。■5 ホスファチジルセリン。■6 スフィンゴミエリン。

例題 2.3
0.05 M の酢酸と 0.20 M の酢酸ナトリウムを混合して緩衝液をつくった。この液の pH を求めよ。酢酸の pK_a は 4.76 である。

解答 ヘンダーソン-ハッセルバルヒの式より、

$$pH = pK_a + \log \frac{[CH_3COO^-]}{[CH_3COOH]}$$

CH_3COONa はすべて解離すると考えられるので、

$$pH = 4.76 + \log(0.20/0.05) = 5.36 \quad \Rightarrow \text{(答)}$$

解説 親本の式 2.9（→ p.40）を用いて単純に解ける。生化学的実験に使われる pH 緩衝液のつくり方と、そのもとになる解離のしくみも、合わせて理解しておくこと。

演習問題

問 2.1 3つの脂質、トリアシルグリセロール・スフィンゴ糖脂質・コレステロールの構造を書け。炭化水素の長鎖は、R_1, R_2 などで表示してよい。ただし環構造では立体配置や立体配座も示せ。

問 2.2 次のように略記した脂肪酸の構造式と名称を記せ。ただし "t" は *trans* 形を表す。
① 16:1 (9)　② 20:4 (5,8,11,14)　③ 16:1 (6t)　④ 10-CH_3-24:0
⑤ 12-ヒドロキシ-18:1 (9)

問 2.3 トリアシルグリセロールの混合物をアルカリ分解したあと、酢酸／メタノールで中和した結果、ミリスチン酸・パルミチン酸・α-リノール酸がそれぞれ20％・50％・30％の割合で得られた。もとのトリアシルグリセロールの平均分子量はいくらか。

問 2.4 生体膜の流動性に影響を与える因子を3つ挙げ、どう影響するか簡潔に説明せよ。

問 2.5 きれいな水面に両親媒性脂質を少量静かに滴下すると、親水性基を水相に、疎水性基を大気に向け、分子がきれいに整列した単層膜をつくることができる。6.0 µg のステアリン酸を滴下して形成された単分子膜が、80 cm^2 の面積を占めたとすると、ステアリン酸1分子あたりの表面積はいくらか。

問 2.6 生体膜の構造の断面図を模式的に描き、そこに含まれる主な物質の名前を添えよ。また、その断面のうち疎水性の領域に斜線をほどこせ。膜に含まれるタンパク質も、同じ断面で切断された形で示すこと。

問 2.7 1分子のリン脂質が $0.7\ \mathrm{nm}^2$ の表面積を占めるとすると、半径 10 μm の球状細胞の細胞膜には、何分子のリン脂質があるか。膜貫通タンパク質など、リン脂質以外の物質が占める面積は 40% とする。

問 2.8 クロロ酢酸の 0.10 M 水溶液の pH は 1.92 だった。クロロ酢酸の K_a と pK_a の値を求めよ。

問 2.9 乳酸と乳酸ナトリウムを混合して pH4.50 の緩衝液をつくりたい。両者の混合比はいくらにするとよいか。乳酸の K_a は 1.38×10^{-4} である。

問 2.10 リン酸の pK_a は 2.1、7.2、12.3 の 3 つである。NaOH によってリン酸を滴定する際の滴定曲線を図中に書き込め。また、グラフの変曲点それぞれについて、pK_a あるいは主たる分子種の化学式を示せ。リン酸（H_3PO_4）は 3 価の酸なので、完全に中和するには 3 当量（モル量 3 倍）の NaOH を要する。

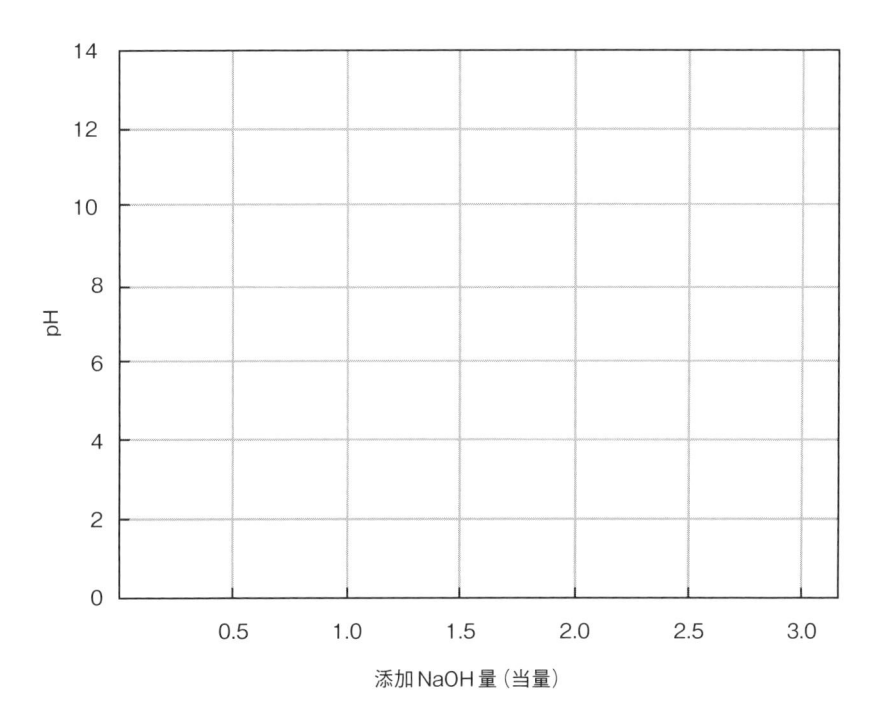

問 2.11 ピルビン酸（pyruvic acid）の化学式は $CH_3COCOOH$ である。pyruvate の日本語訳と化学式を書け。また、acetic acid、acetate、nitric acid、nitrate の 4 つについても、それぞれ日本語訳と構造式を書け。

◇◇◇◇◇◇◇演習問題の解答と解説◇◇◇◇◇◇◇

問 2.1 解答

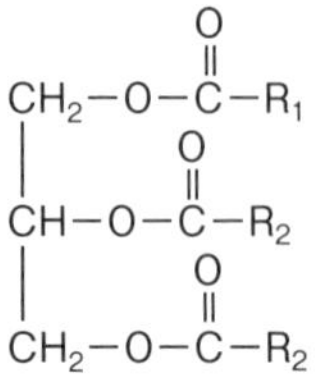

トリアシルグリセロール

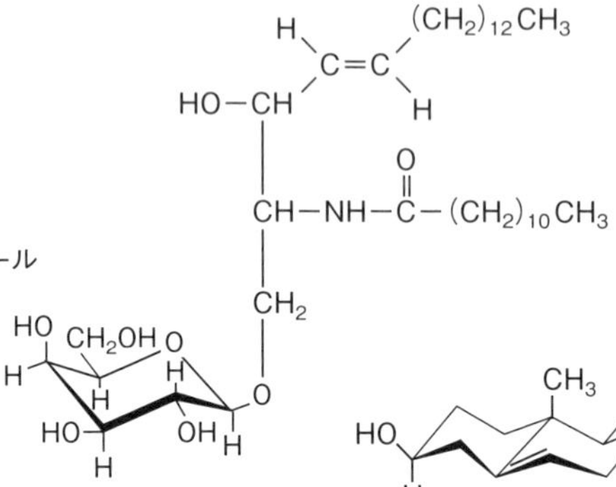

スフィンゴ糖脂質
（の1つ、ガラクトセレブロシド）

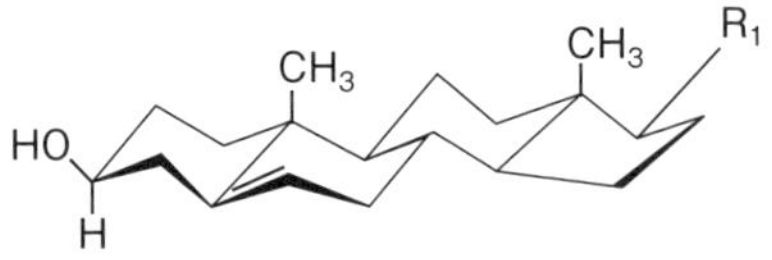

コレステロール

解説 スフィンゴ糖脂質のガラクトピラノースや、コレステロールの六員環の立体配座（コンフォメーション）は、親本図 1.7（→ p.12）のいす形で示す。

問 2.2 解答

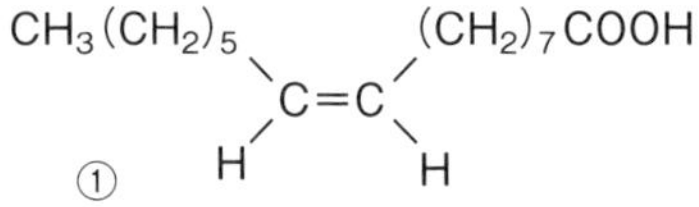

① $CH_3(CH_2)_5$–CH=CH–$(CH_2)_7COOH$

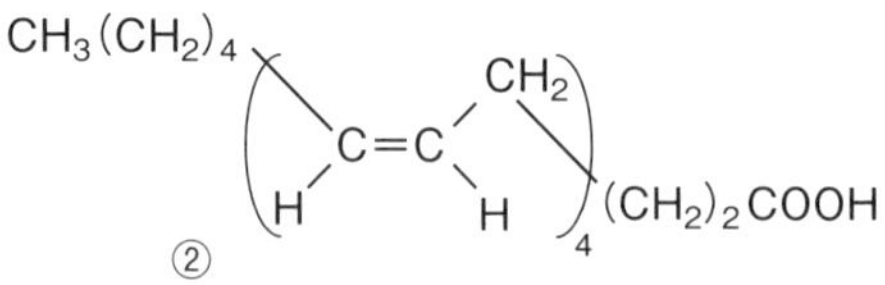

② $CH_3(CH_2)_4$–(CH=CH–CH_2)$_4$–$(CH_2)_2COOH$

③ $CH_3(CH_2)_8$–CH=CH–$(CH_2)_4COOH$

④ $CH_3(CH_2)_{13}CH(CH_3)(CH_2)_8COOH$

⑤ $CH_3(CH_2)_5CH(OH)CH_2$–CH=CH–$(CH_2)_7COOH$

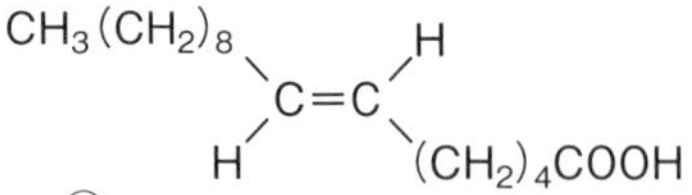

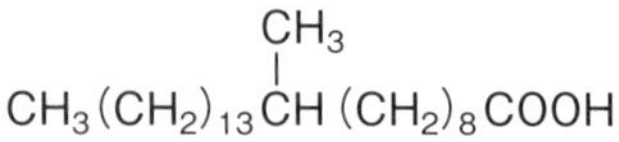

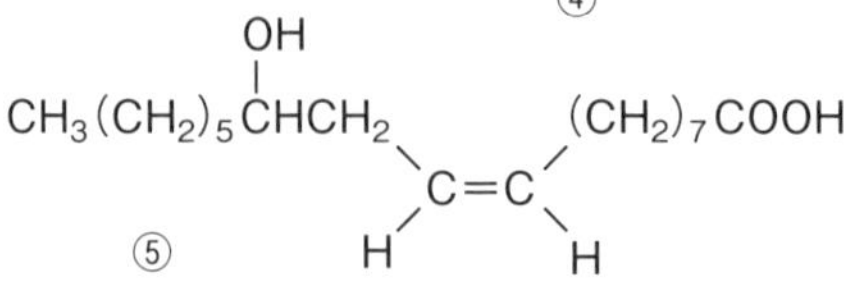

① パルミトレイン酸、② アラキドン酸（all cis-$\Delta^{5,8,11,14}$-エイコサテトラエン酸）、③ trans-Δ^6-ヘキサデカノエン酸、④ 10-メチルリグノセリン酸、⑤ 12-ヒドロキシオレイン酸

解説 親本 2.3 節（→ p.45）に書いてある略号の例と、表 2.1（→ p.43）の一覧表とをもとにすれば、修飾された脂肪酸についても答えられる。たとえ一般名が不明でも、IUPAC 名の方で解答すればよい。

問 2.3 解答 ミリスチン酸・パルミチン酸・α-リノール酸の炭化水素鎖の化学式と分子量はそれぞれ、

$$C_{13}H_{27}、12 \times 13 + 1 \times 27 = 183$$
$$C_{15}H_{31}、12 \times 15 + 1 \times 31 = 211$$
$$C_{17}H_{29}、12 \times 17 + 1 \times 29 = 233$$

また、グリセロールとエステル結合部分の化学式と分子量は、

$$-OCOCH_2(CHOCO-)CH_2OCO-、12 \times 6 + 1 \times 5 + 16 \times 6 = 173$$

3 つの脂肪酸の割合がそれぞれ 20%・50%・30% であることから、平均分子量は、

$$173 + (183 \times 0.2 + 211 \times 0.5 + 233 \times 0.3) \times 3 = 809 \quad \Rightarrow \text{（答）}$$

解説 各部分構造の分子量とそれらの存在比から、比較的簡単に計算できる。ここでは問題文の「割合」をモル比と解釈して計算したが、もし重量比として解釈するなら、下のような計算になる。

$$173 + \left(\frac{1}{\frac{0.2}{183} + \frac{0.5}{211} + \frac{0.3}{233}} \right) \times 3 = 805$$

問 2.4 解答 ①膜脂質を構成する脂肪酸の長さ。長いほど流動性が低い。
②同じく脂肪酸の不飽和度。不飽和度が高いほど流動性が高い。
③コレステロールの含量。含量が高いほど流動性が低い。

解説 脂肪酸は、親本 表 2.1（→ p.43）にあるように、鎖長が短いほど、不飽和度が高いほど、融点が低い。融点が低いということは、分子どうしの

束縛が弱く、構造体の流動性が高いことにつながる。

問 2.5 解答 ステアリン酸の分子式は $C_{17}H_{35}COOH$ なので、その分子量は、
$$12 \times 18 + 1 \times 36 + 16 \times 2 = 284$$
重量 6.0 μg をこの分子量で割り、アボガドロ定数をかける。

$$\frac{6.0 \times 10^{-6}\,\text{g}}{284\,\text{g} \cdot \text{mol}^{-1}} \times 6.02 \times 10^{23}\,\text{mol}^{-1}$$

$$= 6.0 \times \frac{6.02}{284} \times 10^{17}$$

求められた分子数で全面積を割ると、1 分子あたりの面積が計算できる。

$$\frac{80\,\text{cm}^2}{6.0 \times \dfrac{6.02}{284} \times 10^{17}}$$

$$= \frac{80 \times (10^{-2}\,\text{m})^2}{6.0 \times \dfrac{6.02}{284} \times 10^{17}}$$

$$= 629 \times 10^{-3} \times (10^{-9}\,\text{m})^2 = 0.629\,\text{nm}^2 \quad \Rightarrow \text{（答）}$$

豆知識 2 「鉄の女」が取り組んだ柔らかい膜

　両親媒性物質の単分子膜を、開発者 Irving Langmuir の名前をつけてラングミュア膜（Langmuir film、略して L 膜）とよぶ。このラングミュア膜を、ガラスなどの固形基板でくり返しすくい取ると、分子がきれいに累積した多層の膜をつくることができる。このような膜を、その研究者 Katharine Blodgett の名前にちなんでラングミュア - ブロジェット膜（Langmuir-Blodgett film、略して LB 膜）という。

　英国の元首相で、保守的かつ強硬な性格から「鉄の女」とよばれたマーガレット - サッチャー（1925-2013）は、LB 膜での反応速度の研究をしていた時期がある。彼女はオックスフォード大学で化学を専攻し、卒業後は企業で研究者をしていた時期もある。コロイド化学が専門で、唯一の化学論文の題名は「単分子膜状態における α- モノステアリンの加水分解反応」という。

解説 重量を分子量で割ると物質のモル量が計算でき、さらにアボガドロ定数をかけると分子数が求まる。

なお計算問題を解く一般則として、上の解答に例示しているように、単位を付けたまま式を次々に変換していく。その方が間違いの入り込む余地が少ないので、今後とも同じ方針を続けることを勧める。

問 2.6 解答

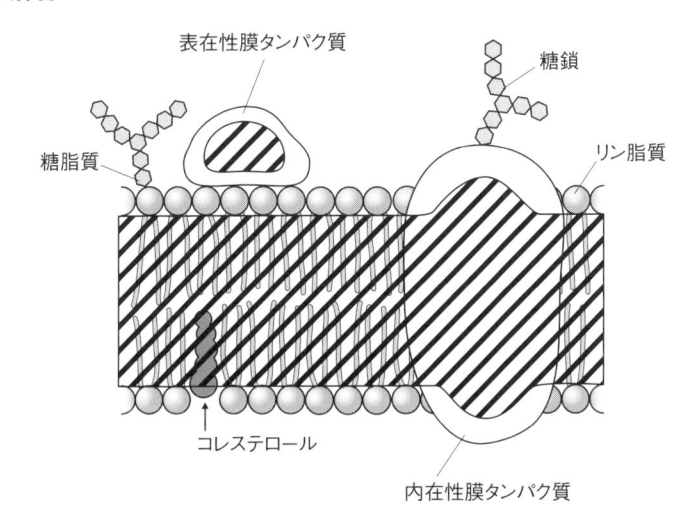

（図：細胞膜の模式図。表在性膜タンパク質、糖鎖、糖脂質、リン脂質、コレステロール、内在性膜タンパク質が示されている）

解説 タンパク質の親水性‑疎水性については、親本第 3 章（3.3.3 項 → p.66）も参照。

問 2.7 解答
この球状細胞の表面積は、
$$S = 4\pi r^2 = 4\pi \times (10^{-5}\,\mathrm{m})^2$$
表面積 $0.7\,\mathrm{nm}^2$ の脂質分子の二重膜が、細胞表面の 60% をおおうので、脂質分子の数 n は、
$$n = \frac{4\pi \times (10^{-5}\,\mathrm{m})^2 \times 2 \times 0.6}{0.7 \times (10^{-9}\,\mathrm{m})^2}$$
$$= 21.5 \times 10^8 \text{ 個} \qquad \Rightarrow \text{（答）}$$

解説 球の表面積は、中学校数学の公式 $S = 4\pi r^2$ を使って求める。問 2.5 の単分子膜と異なり、生体膜は脂質分子の「二重」膜であることに注意。

問 2.8 解答 クロロ酢酸は、化学式が $ClCH_2COOH$ であり、一価の酸である。

$$ClCH_2COOH \rightleftharpoons ClCH_2COO^- + H^+$$

$$K_a = \frac{[ClCH_2COO^-][H^+]}{[ClCH_2COOH]}$$

pH の値からイオンや溶質の濃度を求めると、

$$[H^+] = [ClCH_2COO^-] = 10^{-1.92} = 1.20 \times 10^{-2}$$
$$[ClCH_2COOH] = 0.10 - 1.20 \times 10^{-2} = 0.088$$

K_a の式に代入して、

$$K_a = \frac{(1.20 \times 10^{-2})^2}{0.088} = 1.64 \times 10^{-3} \quad \Rightarrow \text{(答)}$$

$$pK_a = 2.79 \quad \Rightarrow \text{(答)}$$

解説 pH の定義（親本の豆知識 2-3 → p.37）と酸の解離式（式 2.6 → p.39）を使う。

(問 2.9) ヘンダーソン-ハッセルバルヒの式より、

$$pH = pK_a + \log\frac{[CH_3CH(OH)COO^-]}{[CH_3CH(OH)COOH]}$$

pH と K_a の値を代入して、

$$4.50 = -\log(1.38 \times 10^{-4}) + \log\frac{[CH_3CH(OH)COO^-]}{[CH_3CH(OH)COOH]}$$

$$\log\frac{[CH_3CH(OH)COO^-]}{[CH_3CH(OH)COOH]} = 4.50 - 3.86 = 0.64$$

$$\frac{[CH_3CH(OH)COO^-]}{[CH_3CH(OH)COOH]} = 10^{0.64} = 4.36$$

乳酸ナトリウムはすべて解離すると考えられるので、求める比はこの 4.36。

解説 例題 2.3 にならい、ヘンダーソン-ハッセルバルヒの式を使って

問 2.10 解答

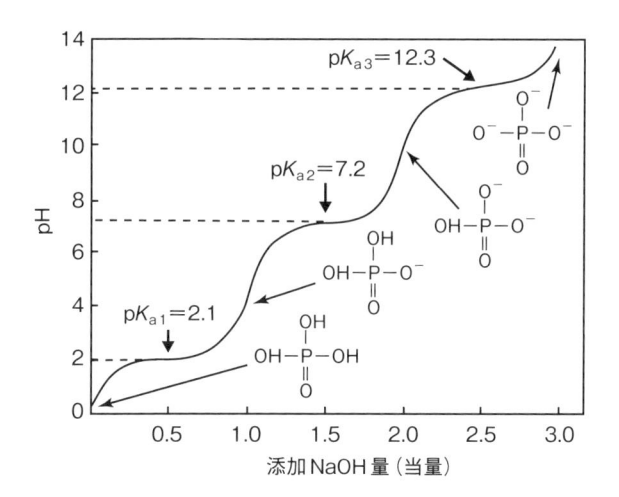

解説 当量 0、1.0、2.0、3.0 の点で、それぞれ H_3PO_4、$H_2PO_4^-$、HPO_4^{2-}、PO_4^{3-} が主な分子種になる。曲線の傾きが大きく、緩衝能が弱い領域である。一方、当量 0.5、1.5、2.5 の点で、それぞれ 2 つの分子種が等量で平衡に達する。曲線の傾きが小さく、緩衝能の高い領域である。これら 3 つの点での pH が、それぞれ pK_a にあたる。

問 2.11 解答

Pyruvate の日本語訳：ピルビン酸塩（あるいはピルビン酸イオン）。
　　化学式；CH_3COCOO^-。
acetic acid の日本語訳；酢酸。化学式；CH_3COOH。
acetate の日本語訳；酢酸塩（あるいは酢酸イオン）。化学式；CH_3COO^-。
nitric acid の日本語訳；硝酸。化学式；HNO_3。
nitrate の日本語訳；硝酸塩（あるいは硝酸イオン）。化学式；NO_3^-。

　　解説 "-ic acid" は酸（acid）の語尾であり、"-ate" はその酸の塩（salt）あ

	化学式	日本語	英語	存在形態
(1) 酸：	CH$_3$COCOOH	ピルビン酸	pyruvic acid	非解離型、常温で液体
(2) 塩：	CH$_3$COCOONa	ピルビン酸ナトリウム	sodium pyruvate	非解離型、固体
(3) イオン：	CH$_3$COCOO$^-$	ピルビン酸イオン	pyruvate	水溶液中の解離型

るいはイオン（ion）すなわち解離型分子種の語尾である。酸・塩・イオンの3者の区別は簡単なようだが、意外に混乱を招くことがあるので、ピルビン酸を例に整理しておこう。

塩は一般に、水に溶かすと陽イオンと陰イオンに解離する（CH$_3$COCOONa → CH$_3$COCOO$^-$ ＋ Na$^+$）。水溶液のpHが低いと非解離型の酸（CH$_3$COCOOH, pyruvic acid）の割合が高まるが、一般に生体のpHは細胞内外とも中性に近いので、大部分はやはり解離型（CH$_3$COCOO$^-$, pyruvate）で存在する。したがって、たとえば酵素のような生体高分子が相互作用する相手は、厳密には酸(1)でも塩(2)でもなく解離したイオン(3)である。

第2部や第3部には酵素名がたくさん出てくるが、たとえば"pyruvate kinase"という酵素の"pyruvate"とは、(3)のピルビン酸イオンの意味である。この酵素名の日本語訳は「ピルビン酸リン酸化酵素」とするが、ここで「ピルビン酸」と書くのは、「(3)のイオンではなく(1)の酸である」ということを意味しているのではない。「ピルビン酸イオンリン酸化酵素」だと長いので表記を簡潔にしているのである。ほかに citrate dehydrogenase ＝クエン酸脱水素酵素や nitrate reductase ＝硝酸還元酵素も同様であり、citrate や nitrate は、(1)の酸でも(2)の塩でもなく(3)のイオンを意味している。

3 タンパク質とアミノ酸

多くの生命現象の分子レベルのしくみでは、タンパク質が主役の座を占めている。タンパク質は主に 20 種類の標準アミノ酸が連なったポリペプチドからなる。したがってこれら 20 個のアミノ酸の化学的「個性」とその組合せが、多様な生命現象の基礎になっている。前章で出てきた酸・塩基の解離現象も、この章では特定のアミノ酸に即して改めて学ぶ。オリゴペプチドやポリペプチドを形成するアミノ酸の組合せ数なども計算する。

例題 3.1

20 個の標準アミノ酸を、水との相互作用の観点から 4 群に分類すると、何々になるか。また、下の①〜④の 4 つのアミノ酸は、それぞれどの群に含まれるか。また、それぞれのアミノ酸の名称と、三文字・一文字表記の略号も示せ。

①　②　③　④

解答 非極性・極性（非解離）・塩基性・酸性の 4 群。
①酸性、グルタミン酸、Glu, E　　②非極性、ロイシン、Leu, L
③極性（非解離）、トレオニン、Thr, T　　④塩基性、リシン、Lys, K

解説 親本 図 3.3（→ p.56）参照。標準アミノ酸の基本的性質やグループ分け・表記法などを押さえておこう。

例題 3.2

アラニン 4 分子、バリン 3 分子、アスパラギン酸 3 分子、セリン 2 分子、アルギニン 1 分子からなるトリデカペプチド（十三量体）は何種類の構造がありうるか。またこのペプチドは、pH3, 7, 11 の溶液中でそれぞれ何価の電荷をもつか。

解答 配列の数は順列で計算できる：

$$n = \frac{_{13}P_{13}}{_4P_4 \cdot {_3}P_3 \cdot {_3}P_3 \cdot {_2}P_2 \cdot {_1}P_1} = 13 \cdot 11 \cdot 10 \cdot 9 \cdot 8 \cdot 7 \cdot 5$$

$$\fallingdotseq 3.60 \times 10^6 \text{ （通り）} \quad \Rightarrow \text{（答）}$$

水溶液中の電荷は；
　　pH3；$2-1=+1$ 価　　pH7；$2-4=-2$ 価　　pH11；$0-4=-4$ 価

解説 ペプチドは糖質（1 章）とは異なり、結合の種類はアミド結合の 1 種類であり枝分かれもしない。したがってペプチド分子の種類はアミノ酸の順列（P）で求められる。ただしこれは、α-アミノ基と α-カルボキシ基が脱水縮合する標準的なアミド結合（ペプチド結合）に限定した場合の計算である。一部の抗生物質など、微生物が生産する特殊なペプチドは、遺伝情報にもとづく標準的な生合成様式（翻訳、親本 7.4 節参照→ p.158）によらずに作られる。この場合は側鎖の官能基で結合することもある。それによると、トリデカペプチドの構造はもっと多様になる。

ペプチドの電荷は、解離基の数とそれらの pK_a によって決まる。N 末と C

末それぞれのアミノ基（pK_a = 9.0 〜 9.9）とカルボキシ基（pK_a = 1.8 〜 2.4）のほか、3つのアスパラギン酸側鎖（pK_a = 3.90）と1つのアルギニン側鎖（pK_a = 8.99）がある（親本 表 3.1 → p.58）。それぞれの pH におけるこれらの基の解離状態の総和を考える。

豆知識 3　負電荷を帯びない「酸性残基」とは？

　酸性残基のアスパラギン酸やグルタミン酸は、中性 pH の水溶液中では、R 基のカルボキシ基（-COOH）が H$^+$ を解離して負電荷を帯びる（-COO$^-$ + H$^+$）。同様に塩基性残基のリシンやアルギニンは、R 基の官能基（-NH$_2$ や =NH）が H$^+$ を結合して正電荷を帯びる（-NH$_3^+$ や =NH$_2^+$）。ところがチロシンやシステインは、前者と同様に H$^+$ を解離しうる（酸性の）残基でありながら（親本 表 3.1）ほとんど負電荷を帯びないし、ヒスチジンも、後者と同様に H$^+$ を結合しうる塩基性残基でありながら正電荷を帯びない。なぜだろうか？

　その秘密は pK_a の値にある。チロシンの pK_a が 10.46 であるということは、溶液の pH が 10.46 の時に、負電荷をもつ解離型 φ-O$^-$ と、電気的に中性の非解離型 φ-OH が 1：1 で平衡状態にあるということを意味する。10.46 より pH の低い（H$^+$ 濃度の高い）溶液中では、非解離型の方が多くなる。pH の "p" が 10 を底とする対数（に負号をつけたもの）であることを思い出せば、pH が 1 ユニット低いだけで H$^+$ 濃度は 10 倍も濃いことがわかる。したがって中性 pH の中では平衡が大きく非解離型に偏っており、負電荷を帯びた分子種はほとんどないわけである。システインも同様に、R 基の pK_a が塩基性側（8.37）なので、中性 pH の溶液中ではほとんど非解離型（無電荷）になっている。チロシンやシステインでも、pK_a よりもっと塩基性側の溶液中でなら負電荷を帯びる。

　塩基性残基でもやはり同様の考え方が成り立つ。同じ塩基性の（H$^+$ を結合しうる）残基だといっても、pK_a がずっと塩基性側のリシンやアルギニンは、中性 pH 溶液中ではほとんど正電荷をもつのに対し、pK_a が酸性側（6.04）のヒスチジンは、無電荷の分子種の方が多い。ただしヒスチジンは、pK_a が低いとはいうものの中性に近いので、一部は正電荷を帯びている。また解離基は一般に、タンパク質分子に埋め込まれているかどうかなど微環境に応じて pK_a がいくらかずれることも少なくない。このため、アミノ酸の分類としては、チロシンやシステインとは異なり、ヒスチジンは塩基性アミノ酸に含められる。

例題 3.3

あるデカペプチド（十量体）を 2 種類のプロテアーゼでそれぞれ完全に分解したところ、次のような断片が生じた。もとのペプチドの **1** アミノ酸配列と **2** 分子量を求めよ。

トリプシン；Phe-Ile-Arg,　Gly-Tyr-Arg,　Trp-Ser,　Ser-Lys
キモトリプシン；Arg-Ser-Lys-Phe,　Ile-Arg-Trp,　Gly-Tyr,　Ser

解答 **1** Gly-Tyr-Arg-Ser-Lys-Phe-Ile-Arg-Trp-Ser

2 $57.0 + 163.2 + 156.2 \times 2 + 87.1 \times 2 + 128.2 + 147.2 + 113.2 + 186.2 + 18 = 1299.6$

解説 **1** まず両プロテアーゼの反応産物に共通のジペプチド部分（たとえば Ile-Arg, Gly-Tyr, Ser-Lys）を見つけて重ねていくと、一部の連なりが判明する。あとは端の 1 残基だけでも共通なものどうしをつなぐと、十量体が完成する。

トリプシンとキモトリプシンは、それぞれ塩基性アミノ酸残基（Lys, Arg）と芳香族アミノ酸残基（Phe, Tyr, Trp）の C 末端側ペプチド結合を切断する（親本 5.4.3 項→ p.108、110）。そのような酵素特異性は、この問題のペプチド断片の C 末端がそれぞれ該当のアミノ酸残基であることからも、容易に推測できる。問題によっては、そういう特異性の知識を利用する場合もあるが、この例題 3.3 はそのような知識がなくても解ける初歩的な問題である。

2 分子量は、親本 表 3.1（→ p.58）の「残基質量」欄の数値を足し合わせる。N 末と C 末は遊離のアミノ基とカルボキシ基なので、水 1 分子の分子量 18 も加えることに注意。

・・・・・・・・・・・・**演習問題**・・・・・・・・・・・

問 3.1 20種類の標準アミノ酸について、次の問に答えよ。アミノ酸は名称のほか、一文字表記と三文字表記も示せ。
(1) 硫黄原子を含むアミノ酸はどれか。
(2) 酸性が最も強いアミノ酸はどれか。
(3) 塩基性が最も強いアミノ酸はどれか。
(4) 分子量が等しいのはどの組み合わせか。
(5) ヒトの必須アミノ酸はどれか。

問 3.2 アルギニンを NaOH で滴定する際の滴定曲線を下の図に書き込め。また、グラフの変曲点それぞれについて、pK_a の値あるいは主たる分子種の化学式を示せ。

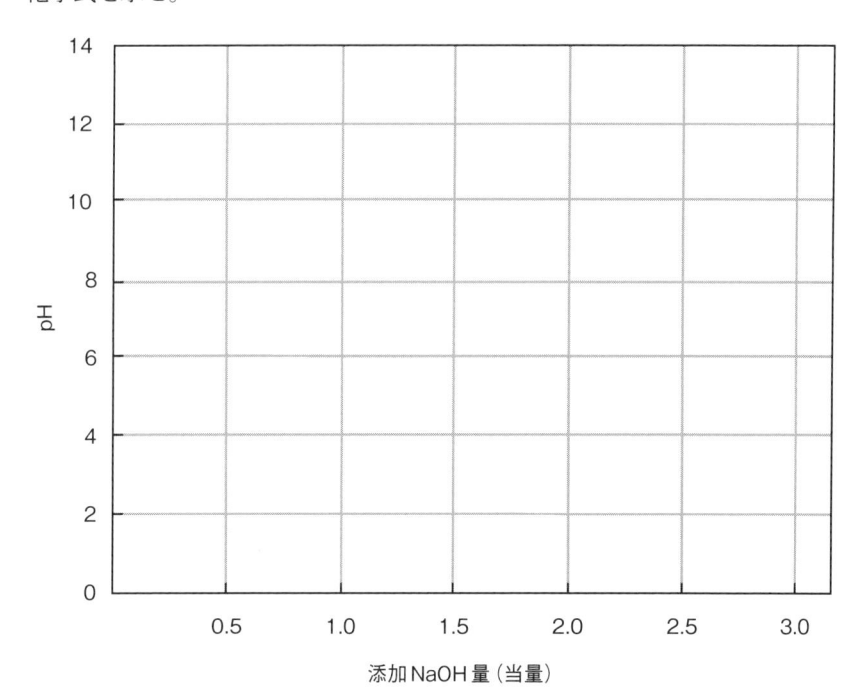

問 3.3 次はアミノ酸とタンパク質に関する文章である。かっこ内に最適な語句や記号を埋めよ。

1 アミノ基とカルボキシ基が同一の炭素原子に結合しているアミノ酸を【①　】-アミノ酸という。一つ離れた炭素原子に結合するものは【②　】-アミノ酸、さらにそのとなりだと【③　】-アミノ酸という。グルタミン酸も【①　】-アミノ酸の一種だが、【①　】位のカルボキシ基が脱離してできた物質は【④　　　】とよばれ、【③　】-アミノ酸の一種である。【④　　】はヒトの体内で【⑤　　　】としてはたらく。

2 数個のアミノ酸が【⑥　　】結合で連なった重合体を【⑦　　】ペプチドといい、多数連なった重合体は【⑧　　】ペプチドという。【⑦　　】ペプチドの一種であるオキシトシンは、標準アミノ酸の1種である【⑨　　　】を2つ含み、その側鎖どうしで【⑩　　　】結合をしている。

3 タンパク質の主要成分は【⑧　　】ペプチドだが、そのほかに金属原子や【⑪　】鎖などを含む【⑫　　】タンパク質も多い。タンパク質は通常、特定の立体構造をとっているものが多いが、酸や塩基などの化学物質にさらされたり、【⑬　　】されたりすると天然の構造がくずされる。この現象を【⑭　　】という。

問 3.4 標準アミノ酸からできるペンタペプチド（五量体）は何種類考えられるか。

問 3.5 ブラジキニンは、アミノ酸配列を一文字表記で RPPGFSPFR と表せるナノペプチドであり、血圧降下作用や発痛作用を示す生理活性物質である。この構造を三文字表記で示せ。また、ヒトの生理的 pH7.4 において、この分子の実効電荷はいくらか。pH4 や pH10 ではどうか。

演習問題

問 3.6 あるペプチドを、2種類のプロテアーゼと1種類の化学処理でそれぞれ完全に分解したところ、次のような断片が生じた。もとのペプチドのアミノ酸配列を求めよ。またこのペプチドは何量体で、分子量はいくらか。

トリプシン；Met-Glu-Phe-Ala-Arg, Trp-Tyr-Met-Thr, Ala-Lys

キモトリプシン；Ala-Lys-Met-Glu-Phe, Ala-Arg-Trp, Met-Thr, Tyr

BrCN 処理；Glu-Phe-Ala-Arg-Trp-Tyr-Met, Ala-Lys-Met, Thr

問 3.7 物理化学的な測定から、ポリ-L-グルタミン酸はpH3.5ではαヘリックス構造をとるが、pH7.4ではランダムな構造になることがわかった。
(1) このような立体構造のpH依存性の原因を説明せよ。
(2) ポリ-L-リシンの場合どうなるか、推定せよ。

問 3.8 タンパク質の中で、次のアミノ酸残基の側鎖どうしの間で生じる結合や相互作用は何か。名称を挙げ、図示せよ。
(1) アスパラギンとトレオニン、　(2) セリンとトレオニン、
(3) グルタミン酸とリシン、　(4) システインとシステイン、
(5) グルタミンとアスパラギン酸、(6) トリプトファンとフェニルアラニン

問 3.9 ある化合物が経口治療薬に適するための必要条件としてリピンスキーの法則（Lipinski's rule）が知られている。これは水相への溶解度と細胞膜に対する透過度が十分かどうかを判定する経験則で、次の4か条をいずれも満たす必要がある：

1. 分子量が500以下。
2. 水素結合の供与基（-OH基と-NH基の合計）が5以下。
3. 水素結合の受容基（N原子とO原子の合計）が10以下。
4. $\log P$ 値が5以下。

さて、一般にヘキサペプチドが経口治療薬に適するかどうかを、リピンスキーの法則1～3条に照らして論ぜよ。

3. タンパク質とアミノ酸

◇◇◇◇◇◇◇ 演習問題の解答と解説 ◇◇◇◇◇◇◇

問 3.1 解答

(1) システイン (C, Cys) とメチオニン (M, Met) の 2 つ。

(2) アスパラギン酸 (D, Asp)。

(3) アルギニン (R, Arg)。

(4) a) 小数点以下まで等しいのはロイシン (L, Leu) とイソロイシン (I, Ile)。
　　b) 整数レベルで等しいのは、グルタミン (Q, Gln) とリシン (K, Lys)。

(5) メチオニン (M, Met)、トレオニン (T, Thr)、バリン (V, Val)、トリプトファン (W, Trp)、フェニルアラニン (F, Phe)、ロイシン (L, Leu)、イソロイシン (I, Ile)、リシン (K, Lys)、ヒスチジン (H, His) の 9 つ。

　解説　(1)「含硫アミノ酸」とよぶ（親本 図 3.3 参照→ p.56）。

(2) すべてのアミノ酸は α 位（親本 図 3.2 → p.54）に酸性基（カルボキシ基）をもつが、R 基にも酸性基がある 2 つのアミノ酸 Asp と Glu のうち、Asp の方の pK_a が小さいので酸性が強い。

(3) すべてのアミノ酸は α 位（親本 図 3.2 → p.54）に塩基性基（アミノ基）をもつが、R 基にも塩基性基がある 3 つのアミノ酸 His, Lys, Arg のうち、Arg の pK_a が最も大きいので塩基性が強い。

(4) a) Leu と Ile は元素組成まで等しい構造異性体。分子量は 131.2。分子量の計算は、親本 表 3.1（→ p.58）の「残基質量」に水分子 H_2O 分の 18 を加えることに注意。

b) Gln と Lys の分子量は、それぞれ 146.1 と 146.2。分子式は $C_5H_{10}O_3N_2$ と $C_6H_{14}O_2N_2$ であり、異性体ではない。

(5) 豆知識 3-2（親本→ p.57）のような記憶法に頼るのが早道だが、図 12.6 （→ p.259）のような代謝の全体的イメージを頭に置けるなら、もちろんそれでもいい。

問 3.2 解答

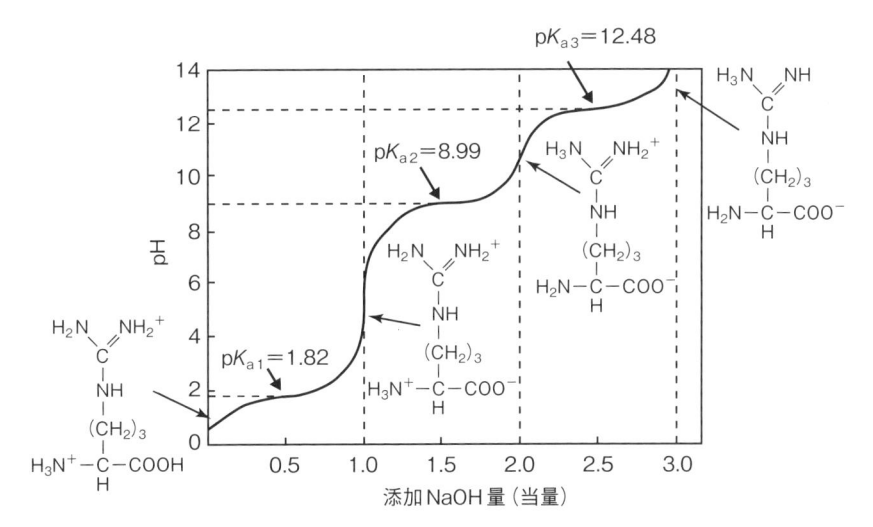

[グラフ: 添加 NaOH 量（当量）に対する pH の滴定曲線。$pK_{a1}=1.82$、$pK_{a2}=8.99$、$pK_{a3}=12.48$ の各段階で、アルギニンの構造変化（グアニジノ基とα-アミノ基、カルボキシ基の解離状態）が示されている。]

解説 アルギニンの R 基のグアニジノ基（guanidino gruoup, -NHC(=NH)NH$_2$）は、中性以下の pH では -NHC(=NH$_2^+$)NH$_2$ の形で正電荷を帯びる。3 つの解離基により 3 つの pK_a をもつという意味でリン酸と共通なので、2 章の問 2.10 のリン酸の滴定と同様に考える。pK_a の値は、親本 表 3.1（→ p.58）。

問 3.3 解答

1 ①α、②β、③γ、④γ-アミノ酪酸（GABA）、⑤（抑制性の）神経伝達物質。 **2** ⑥アミド（あるいはペプチド）、⑦オリゴ、⑧ポリ、⑨システイン（Cys）、⑩ジスルフィド。 **3** ⑪糖、⑫複合、⑬加熱、⑭変性。

解説 **1** ギリシャ文字の小文字 α, β, γ, δ, ε などは、アミノ酸の種類を表わすのに使われるとともに、分子内の炭素原子の位置を区別するのにも使われるので、整理して理解をする（親本 3.1.1 項→ p.53）。たとえば、α-アミノ酸の一種であるリシンは、α 位とともに ε 位にもアミノ基をもつ（親本 図 3.3 → p.56）。アミノ酸は、タンパク質やポリペプチドの構成成分として重要であるほか、単独で生理活性物質などとしてもはたらく。
2 ペプチドの主鎖を形成する共有結合をペプチド結合という（親本 3.2 節→ p.60）。側鎖間の結合には水素結合やイオン性結合など非共有結合が多い

が、システイン間のジスルフィド結合（S-S 結合）は共有結合である。生体物質において、モノマー・オリゴマー・ポリマーの関係は、1 章の糖質（単糖・少糖・多糖）や 4 章のヌクレオチド（モノヌクレオチド・オリゴヌクレオチド・ポリヌクレオチド = 核酸）でも共通である。ただし名称としては、「モノペプチド」とか「オリゴアミノ酸」「ポリアミノ酸」とはよばない。

3 タンパク質には糖鎖をもつものもあることは、親本 図 2.11 にも示した。「複合」と「単純」の対比があることも、タンパク質のほか脂質でも共通（親本 2.4 節→ p.46、2.5 節→ p.48）。タンパク質のはたらきには、遺伝暗号（親本 表 4.2 → p.83）で直接決まるアミノ酸配列（一次構造）だけでなく、立体構造も重要。

問 3.4 解答　　$20^5 = 3.2 \times 10^6$（種類）

解説　N 末のアミノ酸は 20 通り考えられる。2 番目の残基も 20 通り考えられ、ジペプチドは 20 × 20 = 400 通り考えられる。同様に n 個のアミノ酸からなるペプチドだと、20 の n 乗、20^n。

問 3.5 解答　　Arg-Pro-Pro-Gly-Phe-Ser-Pro-Phe-Arg

N 末のアミノ基と C 末のカルボキシ基および 2 つの Arg 残基の側鎖（R 基）の解離基について考えると；

　pH7.4；+ 3 − 1 = + 2　pH4；+ 3 − 1 = + 2　pH10；+ 2 − 1 = + 1

解説　問 3.2 のようなアミノ酸モノマーと同様の滴定曲線を、オリゴペプチドに拡張して考える。ブラジキニンのアミノ酸残基は N 末、C 末ともに Arg である。解離基は N 末のアミノ基と C 末のカルボキシ基のほか、両 Arg 残基の側鎖（R 基）にもある。実効電荷は親本表 3.1（→ p.58）の pK_a から判断できる。Arg の α 位のカルボキシ基の pK_a は 1.82 と非常に低く、R 基の pK_a は逆に 12.48 と非常に高いので、pH4 〜 10 の範囲ではいずれも電荷をもっている。この範囲で荷電状態が変わるのは、pK_a が 8.99 の α 位アミノ基だけである。

問 3.6 解答

配列：Ala-Lys-Met-Glu-Phe-Ala-Arg-Trp-Tyr-Met-Thr

十一量体。分子量：71.1 × 2 + 128.2 + 131.2 × 2 + 129.1 + 147.2 + 156.2 + 186.2 + 163.2 + 101.1 + 18 = 1433.8

解説 例題 3.3 と同様、異なる処理によってできた断片どうしの間で、ジペプチド以上の配列が共通なものをつないでいくと、解答のような結論が得られる。分子量は親本 表 3.1（→ p.58）から計算される。3 通りの処理による断片の配列を比べられるため、例題 3.3 よりたやすい。BrCN（臭化シアン）はメチオニン残基の C 末側を切断する。化学試薬なのに配列特異的な反応が起こるため、酵素と並んでよく用いられる。

問 3.7 解答

(1) グルタミン酸の γ-カルボキシ基は、親本 表 3.1（→ p.58）より pK_a が 4.07 であり、pH7.4 の溶液中では解離して負電荷をもっているが、pH3.5 の溶液中では電荷をもたない。したがってこのポリペプチドは、pH7.4 では γ-カルボキシ基どうしの静電的反発のためにコンパクトな二次構造をとることができない。しかし pH3.5 では側鎖にこのような電荷をもたないため反発がなく、α ヘリックス構造をとることができる。

(2) リシンの ε-アミノ基は、pK_a が 10.54 である。pH7.4 でも 3.5 でも正電荷をもつ。したがってやはり側鎖の静電的反発のため、このポリペプチドはランダムな構造になる。しかし 10.54 を大きく上回る値の塩基性 pH の溶液中では、このような側鎖の反発がないため、α ヘリックスを形成しうる。

解説 問題にもし字数制限があれば、それに応じてコンパクトに書く。塩基性ポリペプチドと酸性ポリペプチドは、pH に対する振る舞いが対照的であることに注意。

問 3.8 解答

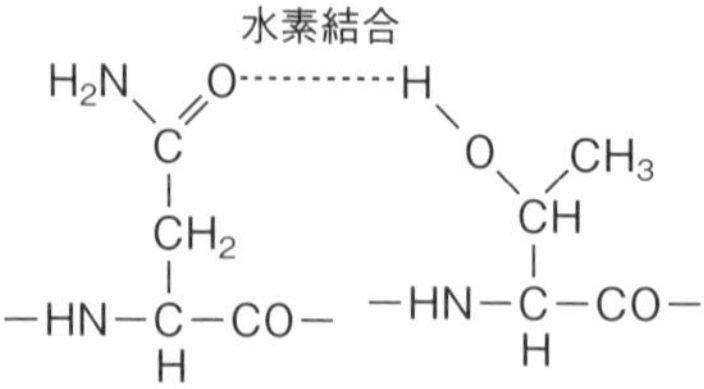
水素結合

(1)

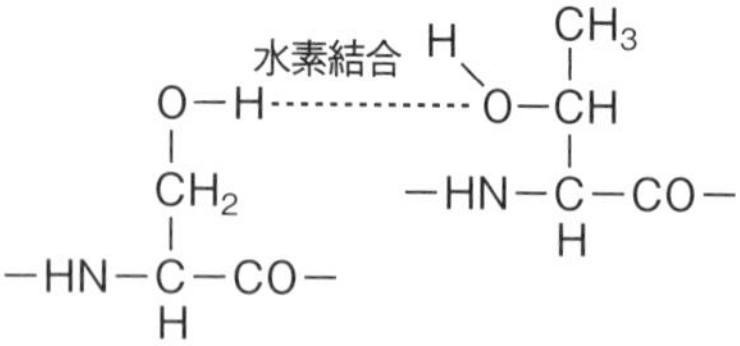
水素結合

(2)

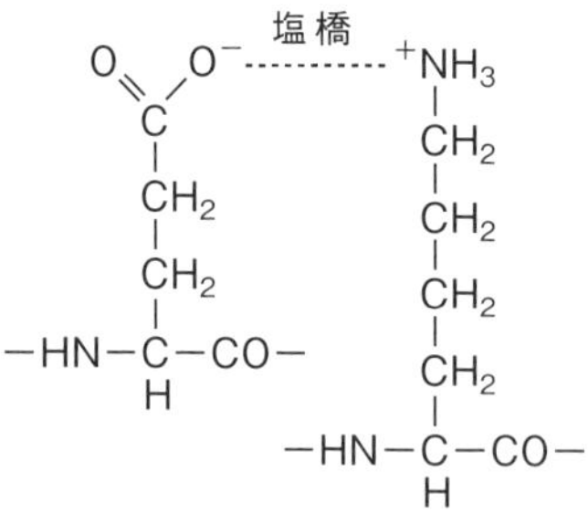
塩 橋

(3)

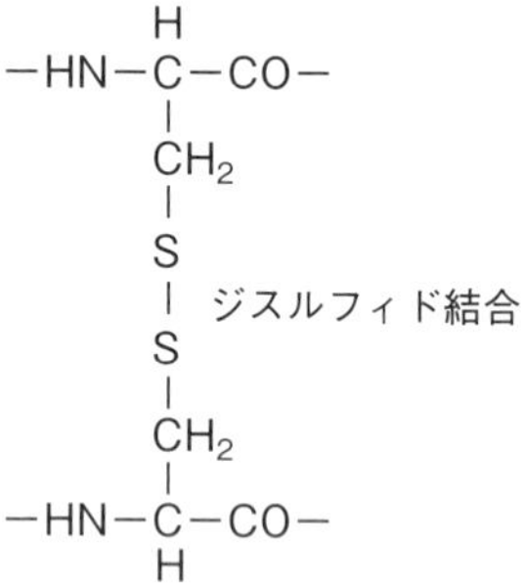
ジスルフィド結合

(4)

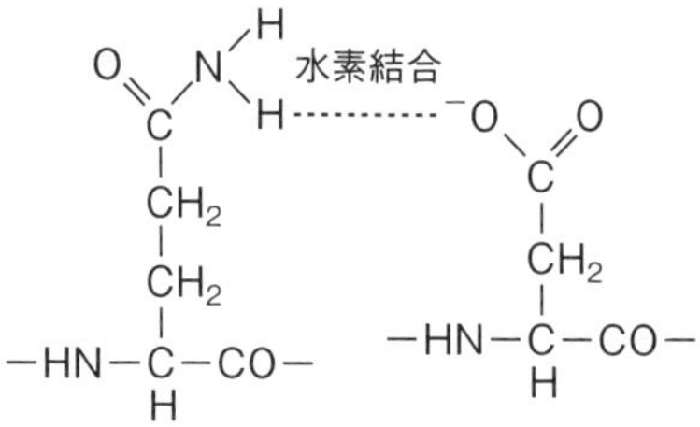
水素結合

(5)

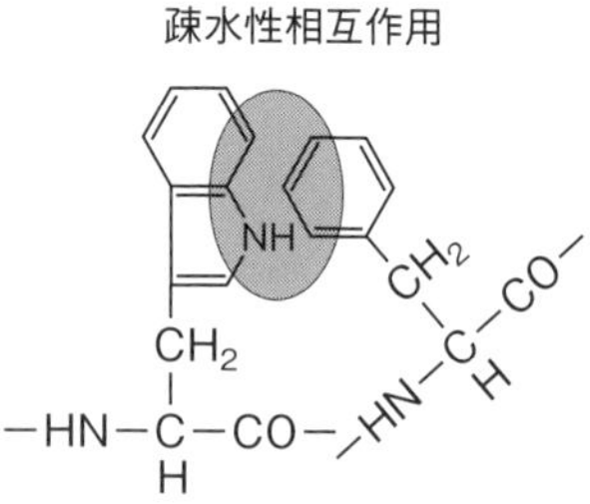
疎水性相互作用

(6)

解説　(1) (2) (5)；水素原子 H をはさんで、酸素原子 O どうしあるいは O と窒素原子 N の間で水素結合が生じる（親本 3.3.3 項→ p.66、2.1.1 項→ p.31。以下同じ）。

(3)；正と負の反対の電荷の間では、静電的結合により塩橋（salt brigde）が

生じる。

(4)；システイン間にはジスルフィド結合が生じうる。

(6)；疎水性側鎖の間では、疎水性相互作用が生じる。3つの芳香族アミノ酸のうちでは、ヒドロキシ基 -OH をもつチロシンが極性アミノ酸で、それ以外の2つが疎水性アミノ酸である。

問 3.9 解答

<u>規則1</u>；ペプチド中のアミノ酸残基の平均質量は約110であり、ヘキサペプチドの質量は約680（≒ 110 × 6 + 18）なので、条件を満たさない。ただし、Gly と Ala が多いと500を下回る可能性はある。

<u>規則2</u>；ヘキサペプチドの -NH 基は、5つのペプチド結合に1つずつと、N 末の -NH$_3^+$ 基に3つの計8つあるので、条件を満たさない。

<u>規則3</u>；ヘキサペプチドの O 原子は、5つのペプチド結合の >C=O 基に1つずつと、C 末の -COO$^-$ 基に2つの計7つである。したがって側鎖の水素結合受容基が3個以下なら条件を満たすが、これはかなり厳しい。

結論として、ヘキサペプチドは規則2を満たさないので、経口治療薬にはふさわしくない。規則1と3を満たすのもかなり厳しい。

解説　Gly 残基と Ala 残基の質量はそれぞれ57.0と71.1だが、次に小さいのは Pro 残基の97.1である（親本 表 3.1 → p.58）。なお、この問題で<u>規則4</u>は使わないが、log$P$ は分配係数とよばれ、疎水性・親水性を表す指標である。

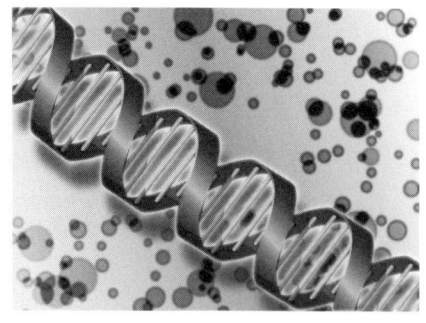

4 核酸とヌクレオチド

ヌクレオチドが核酸の構成単位であることは、単糖が多糖の単位でありアミノ酸がタンパク質の単位であることと同様である。しかし、ヌクレオチドは糖・塩基・リン酸基の3部分からなるので、糖やアミノ酸より複雑である。ヌクレオチドは、単独で細胞のエネルギー変換や信号伝達でも多面的にはたらくため、その複雑な化学的性質を理解しておく必要がある。

また核酸には、4種類のヌクレオチドの配列によって遺伝情報を伝え、またタンパク質のアミノ酸配列を指定するという高度な機能があり、「配列情報」としての取扱いにも習熟する必要がある。核酸のうちDNAは、遺伝子の物質的実体として細胞の核の中に厳重に保管されているのに対し、RNAは核で合成されたあと細胞質に出てきて、遺伝子の情報にもとづき活発にはたらく。このような機能分担を、分子構造の違いに結びつけて把握しておくことも必要である。

例題 4.1

下はヌクレオチドと核酸に関する文章である。かっこ内に最適な語句を埋めよ。

1 ヌクレオチド（英語で nucleotide）は糖・リン酸・【①　　　】の3つの部分からなる。ヌクレオチドからリン酸を除いた分子を【②　　　　　】といい、この英語の語尾 -oside は一般に【③　　　　　】という物質群に共通な語尾である。

2 ヌクレオチドが数個重合したものを【④　　　】ヌクレオチ

ド、多数重合したものを【⑤　　】ヌクレオチドあるいは核酸という。核酸はリン酸基を多数含むため、文字通り【⑥　】性物質であり、pH が中性の水溶液中では【⑦　】電荷を帯びている。核酸の英語は【⑧　　　　　】であり、その語幹 nucle- は、単量体名ヌクレオチドと共通である。核酸には RNA と DNA の 2 種類がある。RNA は、糖として【⑨　　　】をもつ【⑩　　　】核酸の略号であり、DNA は糖として【⑪　　　　　】をもつ【⑫　　　　】核酸の略号である。

3 DNA の【①　　】にはチミン・【⑬　　　】・【⑭　　　】・【⑮　　　　】の 4 つがある。RNA はチミンの代わりに【⑯　　　】をもち、残りの 3 つは共通である。DNA 分子は通常、2 本の鎖が密接に絡み合った【⑰　　　　】構造をとっている。両鎖の塩基 1 つずつが特定の組み合わせで【⑱　　　】結合し、対（ペア）を形成している。このため片方の鎖の【①　　】配列が決まれば他方の鎖の配列も一義的に決まる。この性質を【⑲　　】性という。DNA の複製や RNA への【⑳　　】で情報が増幅・伝達されるのも、この核酸の【⑲　　】性に基づく現象である。

第 1 部 構造編

解答 **1** ①塩基、②ヌクレオシド、③配糖体（あるいはグリコシド）。
2 ④オリゴ、⑤ポリ、⑥酸、⑦負、⑧ nucleic acid、⑨リボース、⑩リボ、⑪デオキシリボース、⑫デオキシリボ。
3 ⑬⑭⑮アデニン・グアニン・シトシン（順不同）、⑯ウラシル、⑰二重らせん、⑱水素、⑲相補、⑳転写。

解説 **1** 糖・リン酸・塩基の 3 成分からなることは単量体（ヌクレオチド）と多量体（核酸）で共通なので、化学構造や種類を確認しておくこと。なお、物質名にカタカナ・漢字・略号が混在するが、もとの欧術語（英術語）を参照すれば理解しやすい。

2 モノ・オリゴ・ポリの 3 者関係は、糖質・タンパク質・核酸に共通である。

また核酸は五炭糖（1章）や酸-塩基（2章）にも関係が深いので、生化学と有機化学を組織的に関連づけて理解するとよい。リン酸ジエステル結合 (3', 5')・デオキシ (2')・塩基 (1') の位置も把握しておくこと。

3 合計5つの塩基について、置換基の種類や位置、DNA分子中における配置、水素結合の成り立ちなどを理解しておくこと。細胞における遺伝子の詳しい分子機構は「分子遺伝学」の領域だが、化学的性質に密着した遺伝情報の意味は、この「生化学」で修得しておくのが望ましい。

豆知識4　塩基をもつのに、核「酸」とは？

　DNAでは塩基配列が遺伝情報を担っている。それほど塩基（base）が重要な分子なのに、なぜ核「酸」（acid）とよぶのだろうか？

　実は核酸に含まれる塩基はいずれも pK_a が酸性寄りなため、pHがほぼ中性の細胞中では正電荷をもっていない（親本 豆知識3-1 参照→ p.53）。つまり核酸塩基はたいへん弱い塩基である。だからこそ塩基どうしで静電的な斥力を及ぼし合うようなことがなく、むしろ逆に水素結合で引き合うわけである。これに対し核酸に含まれるリン酸基は、中性pHの中ではすべて負電荷を帯びるほど強い酸なので、核酸分子全体としては「酸」の性質を示すわけである。核酸の塩基の重要性は、それがコードする遺伝情報にあり（親本 表4.2 → p.83）、化学的な塩基性の強さにあるわけではない。

例題 4.2

次のDNA断片について、**1**～**3**の配列を答えよ。

　　5'-ACAACGACAT GCAGTACACA-3'

1 相補鎖DNA　　　　　**2** RNA転写産物

3 ポリペプチド翻訳産物。ただし5'端3残基目から最初のコドンが始まるとし、三文字表記で示せ。

解答 **1** 3′-TGTTGCTGTA CGTCATGTGT-5′。

2 5′-ACAACGACAU GCAGUACACA-3′。

3 (N末) Asn-Asp-Met-Gln-Tyr-Thr (C末)。

解説 問題の塩基配列で10文字目の次にあるスペースは、単に読みやすくするための区切りであり、元の分子に何ら境目があるわけではない。

1 AにはT、CにはGが対合する。ここでは元の塩基配列と対照しやすいよう3′端から5′端の向きに書いたが、場合によっては、改めて5′端→3′端の向きに書き直してもよい。→ 5′-TGTGTACTGC ATGTCGTTGT-3′

2 T（チミン）をU（ウラシル）に置き換えること以外は、DNAとRNAで共通。

3 親本 表4.2（→ p.83）のコドン表に基づいて翻訳する。一般にコドン表はmRNAのコドンを一覧表にしているが、UをTに置き換えれば、そのままDNAに対して適用できる。

・・・・・・・・・・ **演習問題** ・・・・・・・・・・

問 4.1 ヌクレオシド三リン酸分子の中で、次のような結合や置換基はどの位置にあるか。

(1) リン酸エステル結合　　(2) リン酸無水物結合
(3) グリコシド結合　　　　(4) グアニンのアミノ基
(5) ウラシルのカルボニル基

問 4.2 次の(1)～(6)の塩基の置換基や原子のうち、どれが水素結合の供与体となり、どれが受容体となるか。またいずれでもないのはどれか。

(1) アデニンの1位の窒素原子　　(2) アデニンの6位のアミノ基
(3) チミンの2位のカルボニル酸素　(4) チミンの5位のメチル基

(5) グアニンの1位の窒素原子　　　(6) シトシンの2位のカルボニル酸素

問 4.3　DNAの二重らせん構造には、広い溝(major groove)と狭い溝(minor groove)がある。次の4つの塩基に含まれる基のうち、広い溝に面するものに○、狭い溝に面するものに×をつけよ。

(1) アデニンの6位のアミノ基　　(2) シトシンの4位のアミノ基
(3) グアニンの2位のアミノ基　　(4) チミンの2位のカルボニル基
(5) チミンの5位のメチル基

問 4.4　下の図はヒポキサンチンの構造を示す。このヒポキサンチンは、どの塩基と塩基対をつくりうるか。またその塩基対の構造を示せ。

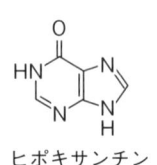

ヒポキサンチン

問 4.5　ヒトゲノム（一倍体）のDNAは、合計の長さが3.1 Gb（ギガ塩基対）で、A含量は29％である。次の問に答えよ。

(1) T, G, Cの含量はそれぞれいくらか。
(2) ヒトの体細胞（二倍体）1個のDNAに含まれるG（グアニン）塩基はいくつか。
(3) ヒトの体細胞1個に含まれるDNAの長さは、合計で何mmか。

問 4.6　シャルガフの規則はDNAには成り立つが、RNAには成り立たない。なぜか。

問 4.7 細胞の核の中で、DNA はヒストンというタンパク質とともに数珠状の構造をとっている。ヒストンは塩基性タンパク質で八量体を形成する。このタンパク質がコアとなり、その周囲を DNA 二本鎖が 1.75 回転巻き付いてヌクレオソームという粒子状構造を形成し、これが数珠の「たま」になっている。

(1) ヒストンをはじめ、DNA 結合タンパク質には塩基性のものが多い。なぜか。

(2) ヌクレオソーム 1 個に巻き付く DNA は、約 146 塩基対である。ヌクレオソーム コアの直径はいくらか。DNA 二本鎖の太さは無視して概算せよ。

◇◇◇◇◇◇◇ 演習問題の解答と解説 ◇◇◇◇◇◇◇

問 4.1 解答 (1) 糖の 5′ 位と α 位リン酸基の間、(2) α 位と β 位の間、および β 位と γ 位の間、の 2 か所、(3) 糖の 1′ 位とプリンの 9 位あるいはピリミジンの 1 位との間、(4) 2 位、(5) 2 位と 4 位の 2 か所。

解説 ヌクレオチドは、生体高分子（核酸）の構成単位（単量体）という意味では、タンパク質に対するアミノ酸や多糖に対する単糖と同様な位置づけである。しかし、それらより構造が複雑なので、位置を表す記号・番号にも 3 系列あることに注意。すなわち、塩基；1, 2, 3, ,、糖；1′, 2′, 3′, ,、リン酸；α, β, γ の 3 つ（親本 図 4.1 → p.74、表 4.1 → p.76）。

問 4.2 解答 (1) 受容体、(2) 供与体、(3) どちらでもない、(4) どちらでもない、(5) 供与体、(6) 受容体。

解説 塩基における各原子や官能基の番号は親本 表 4.1（→ p.76）、塩基対の構造は図 4.6（→ p.80）を参照する。

問 4.3 解答 (1) ○、 (2) ○、 (3) ×、 (4) ×、 (5) ○

解説 親本図 4.6（→ p.80）は、塩基対を軸方向からながめた平面図になっ

ている。この図の塩基対の下方は、2本の主鎖に狭くはさまれており、二重らせん構造の中の狭い溝にあたる。塩基対の情報は、主鎖のない広い空間になっており、広い溝にあたる。

　遺伝子発現を調節する転写因子などのDNA結合タンパク質は、このような溝に露出した置換基と相互作用して塩基配列を読み取っている。塩基は対形成によって完全にふさがるわけではないので、二重らせん構造をほどかないまま、特異的に認識されている。このように、DNA結合タンパク質による塩基配列の識別には、この溝という構造が重要である。

問 4.4 解答　シトシン、チミン、ウラシル、アデニン。

　解説　親本 表 4.1（→ p.76）のアデニンやグアニンとの対比で、ヒポキサンチンも9位で糖（デオキシリボース）に結合すると推定できる。次に図 4.6（→ p.80）を参照し、ヒポキサンチンでグアニンやアデニン、さらにはチミンを置き換えれば、それぞれシトシン、チミン（ウラシル）、アデニンとの対合も作図できる。

　遺伝子工学では、天然のDNA鎖に対して相補的な配列のオリゴヌクレオ

チドを、化学合成して利用することがよくある。その際、意図的に塩基対の対応を甘くしたい場合に、このヒポキサンチンを利用することがある。ヒポキサンチン（hypoxanthine）はHでなくIで表す。これは、ヒポキサンチンを塩基とするヌクレオシドをイノシン（inosine）、ヌクレオチドをイノシン酸（inosinic acid）とよぶことから来ている。

問 4.5 解答 　(1) T：29%　　G：21%　　C：21%
(2) 6.2×10^9 bp $\times 2 \times 0.21 = 2.6 \times 10^9$（個）
(3) $\dfrac{3.3 \times 10^{-9} \text{ m}}{10.3 \text{ bp}} \times 6.2 \times 10^9$ bp $= 1.99$ m $= 1990$ mm

　解説　(1) シャルガフの規則により、AとTの含量は等しいので、T含量も29%。またAT含量（58%）とGC含量の合計が100%であり、GとCも互いに含量は等しいので、解答のような結論になる。
(2) G（ギガ）は $\times 10^9$ を意味する補助単位である。二倍体細胞に含まれるDNAは一倍体の2倍なので、3.1 Gb $\times 2 = 6.2 \times 10^9$ bp。また、塩基数は塩基対数の2倍であることと、(1)の解答から、そのうちG（グアニン）は21%であることとを考えて計算する。
(3) 親本 4.3.1 項（→ p.81）により、通常の（B形の）DNA二重らせんの長さは、10.3 bp あたり 3.3 nm である。

問 4.6 解答　DNA分子は、全長にわたって二本鎖（二重らせん構造）として存在する。その中のすべての塩基について、AはTと、GはCと水素結合で結ばれた対（ペア）を形成している。このような相補性が徹底しているため、DNAにはシャルガフの規則が成り立つ。RNAも、DNA鎖や他のRNA鎖と相補的な塩基対を形成しうるが、天然の存在状態では部分的にしかそうなっておらず、単鎖部分の割合が高いため、シャルガフの規則が成り立たない。

　解説　シャルガフの規則は親本 4.3.1 項（→ p.79）に記載。天然のDNAで二本鎖を形成していない例外は、一本鎖DNAウイルスなどごくわずかで

ある。設問に字数制限がある場合は、条件に合わせて簡潔に短縮する。

問 4.7 解答　(1) DNA には大量のリン酸基が含まれているため、多くの負電荷を帯びている。したがって正電荷を帯びたタンパク質の方が、静電的相互作用のために結合に有利である。

(2) DNA 二本鎖（B 形らせん構造）では、3.3 nm の長さに 10.3 bp が含まれる（親本 4.3.1 項→ p.81）。題意より 146 bp で円周の 1.75 倍になるので、直径を R とおくと、

$$1.75 \pi R = \frac{146 \text{ bp} \times 3.3 \text{ nm}}{10.3 \text{ bp}}$$

$$R = \frac{146 \times 3.3 \text{ nm}}{10.3 \times 1.75 \times 3.14} = 8.5 \text{ nm} \qquad \Rightarrow （答）$$

　解説　DNA が巻き付いたヌクレオソーム全体の直径は、約 11 nm と観察されている。計算結果との差は、DNA の太さ分と見られる。

第2部
酵素編

5. 酵素の性質と種類……………… 50

6. 酵素の速度論とエネルギー論…… 63

7. 代謝系の全体像………………… 83

8. ビタミンとミネラル……………… 92

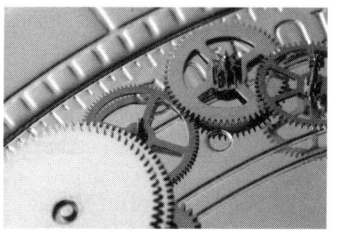

5 酵素の性質と種類

　この章では「高性能の触媒」としての酵素の基本的性質を学ぶ。酵素の実体が、無機触媒や金属錯体より分子サイズの大きいタンパク質であることは、機能を高度化するのに適している反面、変性しやすいなどの問題点もある。酵素は、触媒する反応の種類によってまず6大別された上で、EC番号により階層的に細分類する体系が整っている。酵素は多様なものがそろっているだけに名称にも複雑な面があるので、整理して理解したい。

> **例題 5.1**
> 　次の文章のかぎかっこ【　】の空欄に最適の語句や数値、化学式を答えよ。丸かっこ（　）には英語を当てること。
> 　酵素は一般の無機触媒などより、限られた特定の基質（①　　　）にしか作用しない。これを【②　　　】性が高いという。19世紀末ドイツのフィッシャーは、酵素がグルコースの【③　　　】異性体まで区別することを発見し、それを説明するしくみとして【④　　　】説を提唱した。これは基本的には今でも正しいが、その後、酵素と基質の相互作用はしなやかであることがわかり、【⑤　　　】の考え方に修正された。
> 　酵素のもう1つの特徴は、穏やかな条件でおこるということである。たとえば窒素肥料の原料である【⑥　　　】の工業生産は、高温高圧下で N_2 と【⑦　　　】を反応させる【⑧　　　】法によっておこなうが、レンゲやクローバーなどマメ科植物の根に共生する根粒

細菌の酵素は、同じ【⑥　　　】を常温常圧で生合成することができる。

　酵素といえども通常は無機触媒と同じく、ギブズの【⑨　　】エネルギーが増加する反応を引きおこすことはできない。【⑩　　】エネルギーを低下させることによって反応を促進する。すなわち反応の速度を高めるだけで【⑪　　】は変えない。しかし一部の酵素は、単独ではおこりえない反応に別の反応を組み合わせることによって進行させる。この現象を【⑫　】、英語で（⑬　　　）という。

解答　① substrate　② 特異（基質特異）　③ 立体　④ 鍵と鍵穴　⑤ 誘導適合　⑥ アンモニア（NH_3）　⑦ H_2（水素）　⑧ ハーバー-ボッシュ　⑨ 自由　⑩ 活性化　⑪ 平衡（化学平衡）　⑫ 共役　⑬ coupling

解説　酵素については、「高性能の触媒」としての化学的な基本を押さえるとともに、生命現象につながる目覚ましい特徴（親本 5.3.2 項→ p.102）も理解しておくこと。

豆知識 5　よく効く新薬はマブいナースが打つ？

　これまで、物質名の語尾に着目すると、初見の語句も理解しやすいと説いてきた（たとえば親本 図 4.2 → p75）。最近開発された医薬品には、語尾に「マブ」のつくものが多い。たとえば、関節リウマチ治療薬のトシリズマブ（商品名アクテムラ）や乳がん治療薬のトラスツズマブ（同ハーセプチン）、自己免疫疾患用のリツキシマブ（同リツキサン）などがある。これらの薬は、マブい（美しい、まぶしいほどかっこいい）看護師さんが注射・点滴してくれると効果的な部類なのだろうか。

　実際はそうではなく、単クローン抗体（monoclonal antibody）の頭文字 "mab" から来ている。従来の医薬品は、いく千万の候補物質から効果的なものを実験で選び出すことで開発され、作用のしくみは事後的に調べられた。これに対し最近の薬の主流は、病気の原因に関わる生体分子に標的を定め、それに直接結合する分子として設計・開発された。このような「分子標的薬」には、分子間結合が強く特異性の高い単クローン抗体（mab）が多いわけである。

例題 5.2

酵素は次の6つに大別される。下の (a) 〜 (d) の反応を触媒する酵素は、そのうちどれに当たるか。

1. 酸化還元酵素　　2. 転移酵素　　3. 加水分解酵素
4. リアーゼ　　　　5. 異性化酵素　　6. リガーゼ

(a) グルコース-6-リン酸 → フルクトース-6-リン酸

(b)
$$CH_3-CO-COOH + H^+ \longrightarrow CH_3-CHO + CO_2$$

(c)
$$HO-CH(COOH)-CH_2-COOH + NAD^+ \longrightarrow O=C(COOH)-CH_2-COOH + NADH + H^+$$

(d)
$$HOOC-CH_2-CH_2-COOH + CoASH + GTP \longrightarrow HOOC-CH_2-CH_2-CO-S-CoA + GDP + P_i$$

解答　(a)：5. 異性化酵素　　(b)：4. リアーゼ　　(c)：1. 酸化還元酵素
(d)：6. リガーゼ

解説　具体的な酵素名は、(a) グルコース-6-リン酸異性化酵素。解糖系の2番目の酵素 (9章)。 (b) ピルビン酸脱炭酸酵素。アルコール発酵ではたら

く酵素（9章）。ただし反応式は逆反応として書いている。(c) リンゴ酸脱水素酵素。クエン酸回路の1つ（10章）。(d) スクシニルCoA合成酵素。クエン酸回路の1つ（10章）。

問題の4つの酵素反応は、いずれも第3部で出てくるが、具体的に習わなくても反応式から正解を判断できる（親本5.2節→p.91）。(c) の補酵素 NAD^+ も、登場するのは後（8章で）だが、両辺の第1項の化学式（$C_4H_6O_5$ と $C_4H_4O_5$）を比べてHが2個減るのがわかるだけで、酸化還元反応だと判断できる。(d) の補酵素 CoASH の本格的な登場も8章だが、ヌクレオチド GTP の加水分解に伴って、2つの分子（$C_4H_6O_4$ と CoASH）が結合して1つの分子（$C_4H_5O_3$-SCoA）になることさえわかれば、リガーゼ反応だと判断できる。

・・・・・・・・・・演習問題・・・・・・・・・・

問 5.1 酵素について正しい記述には○、間違った記述には×を付けよ。

(a) 酵素は、化学反応の正方向を促進し、逆反応を抑制する。

(b) 酵素は、化学反応が平衡に達する速度を高める。

(c) 酵素の実体は主にタンパク質だが、ヌクレオチドやその重合体がはたらく酵素もある。

(d) 酵素と基質の結合は柔軟であり、堅固さを強調する「鍵と鍵穴説」は正しくない。

(e) 酵素は化学変化を触媒するが、物質輸送や細胞運動、情報伝達などは酵素以外のタンパク質がおこなう。

問 5.2 酵素 enzyme は多くの場合、①熱に不安定な高分子量の成分と、②熱に安定な低分子量の成分とが合わさったもの（③）である。この関係をあらわす英単語の下の等式の空欄を、それぞれ適切な接頭辞で埋めよ。

  (①   )enzyme ＋ (②   )enzyme ＝ (③   )enzyme

また、①の高分子の物質名を答えよ。さらに、②のうちには、ヒトには生合成できないため食物として摂取するものもある。その場合の栄養素としての名称も答えよ。

問 5.3 (a) 酵素の基質特異性を説明するため19世紀末に提唱された理論を何というか。また、この説を提唱したのは誰か。(b) この説は基本的には今でも成り立つが、より厳密を期して20世紀中頃にこれを修正した理論を何というか。後者の説は、前者の提唱後に解明された知見を取り入れたものである。どのような知見か。

問 5.4 それぞれの物質名と、それの加水分解を触媒する酵素名を、ともに英語で書け。ただしこれらのうち (a) の酵素名は、「配糖体を加水分解する酵素」について答えよ。
(a) 糖質、配糖体　　(b) ショ糖　　(c) 麦芽糖　　(d) ガラクトース配糖体
(e) デンプン（アミロース）　(f) 脂質　(g) タンパク質
(h) ペプチド　　(i) 核酸　　(j) ラクタム

問 5.5 次の (1) ～ (4) のような反応を触媒する酵素はどのような名称をもつか。例にしたがって日本語と英語で答えよ。空欄（　）には、最適な化学式か物質名（略称）を書き込め。

（例）ショ糖＋H_2O　→　グルコース＋果糖
　　　　　　　　ショ糖加水分解酵素、sucrose hydrolase

(1) グルコース6-リン酸（$C_6H_{11}O_5\text{-}OPO_3^{2-}$）
　　　　　　→　果糖6-リン酸（$C_6H_{11}O_5\text{-}OPO_3^{2-}$）

(2) 果糖 6-リン酸（$C_6H_{11}O_5\text{-}OPO_3^{2-}$）＋ ATP
 → 果糖 1,6-二リン酸（$C_6H_{11}O_5\text{-}(OPO_3^{2-})_2$）＋（　　　　）
(3) HOOC-CH=CH-COOH（フマル酸）＋（　　　　）
 → HOOC-CH(OH)-CH$_2$-COOH (L-リンゴ酸)
(4) $C_6H_9N_3O_2$（ヒスチジン）→ $C_5H_9N_3$（ヒスタミン）＋（　　　　）

問 5.6 酵素は大きく 6 群に分類され、EC 番号を付される。次の 3 群の酵素名について、それぞれ英語訳を書け。またそれぞれの例としてあげた反応について、<u>構造式</u>を用いた反応式とその酵素名とを書け。ただし ATP などの補酵素は、構造式でなく略号のままでよい。

EC2. 転移酵素：
（例）3-ホスホグリセリン酸（$HOOC\text{-}CHOH\text{-}CH_2OPO_3^{2-}$）の 1 位を ATP でリン酸化する反応。

EC3. 加水分解酵素：
（例）中性脂肪 tripalmitoylglycerol のパルミチン酸（C_{16} の飽和脂肪酸）残基を 3 つとも遊離させる反応。

EC4. リアーゼ：
（例）フマル酸（HOOC-CH=CH-COOH, *trans* 形）に水分子を付加してリンゴ酸を形成する反応。

EC5. 異性化酵素：
（例）グルコース 6-リン酸を果糖 6-リン酸に異性化する反応。

問 5.7 ウェブ課題　次のような一般名の酵素の系統名と EC 番号を調べよ。
(a) エノラーゼ（enolase）
(b) ヘキソキナーゼ（hexokinase）
(c) カタラーゼ（catalase）

問 5.8 ある生物のアルコール脱水素酵素は、エタノールだけでなくメタノールも酸化して、アルデヒドに変える。水素の同位体で標識したキラルなメタノール、(R)-TDHCOH にこの酵素を作用させると、どのような反応がおこるか。D と T は水素 H の同位体であり、それぞれ ^{2}H（重水素 deuterium）と ^{3}H（三重水素 tritium）である。

問 5.9 酵素はタンパク質なので、プロテアーゼは一般に自己消化の問題がある。しかし、同じセリンプロテアーゼの中でも、トリプシンやエラスターゼに比べ、キモトリプシンは自己消化の問題が小さい。なぜか。

問 5.10 酵素に関する次の文章のかぎかっこ【　】の空欄に最適の語を解答せよ。丸かっこ（①　　　）には、直前の日本語に当たる英単語を当てはめること。

　酵素（①　　　）は、細胞で合成される触媒であり、その物質的実体はタンパク質である。したがってその本体は【②　　　】が重合してできた【③　　　】であるが、本体を補助する分子が必要なことがある。それを【④　　　】酵素とよぶ。これに対し【⑤　　　】の本体部分を【⑤　　　】酵素とよび、両者を合わせた全体をとくに【⑥　　　】酵素という。なお、タンパク質ではなく【⑦　　　】にも酵素活性のあるものが見つかっており、これを【⑧　　　】という。たとえば、遺伝情報の翻訳の場である【⑨　　　】で重合反応を触媒するのも、活性中心は【⑦　　　】である。

　酵素および酵素反応は、無機触媒や一般の化学反応に比べいくつかの特徴がある。まず、一般の化学反応は、高温や高圧など極端な条件下で促進される場合が多いが、酵素反応はふつう【⑩　　　】温、【⑩　　　】圧の穏やかな条件でおこる。第2に、グルコース（ブドウ糖）とガラクトースなど化学的反応性が近い物質をも酵素は識別してその一方だけと反応するなど【⑪　　　】特異性が高い。とくに D-グルコースと L-グルコースなど鏡像対掌体などさ

え区別することをとくに【⑫　　】特異性という。第3に、酵素は無機触媒より反応の促進効果がさらに高い場合が多い。

◇◇◇◇◇◇◇演習問題の解答と解説◇◇◇◇◇◇◇

問 5.1 解答　(a) ×。(b) ○。(c) ○。(d) ×。(e) ×。

　解説　(a) (b) 酵素は一般に化学反応の活性化エネルギーを下げることによって正逆両方向の反応速度を高めるが、反応前後のエネルギー差は変えないため平衡はずれない（親本 5.4.2 項→ p.105）。ただし、別の反応を組み合わせる（共役する）ことによって、もとの反応を駆動する酵素もある（この点、詳しくは 7 章参照）。

　(c) 主にポリペプチド（アミノ酸の重合体）からなる酵素でも、ヌクレオチドやその誘導体が補酵素や補欠分子族として重要なはたらきをするものが多い。また、物質的実体が RNA（リボヌクレオチドの重合体）である酵素もあり、これをとくにリボザイムとよぶ（親本 4.3.2 項→ p.84）。

　(d) 酵素の立体構造は、基質の結合によって柔軟に変化する（誘導適合）が、基質の種類に対する特異性は一般に高い。酵素の特異性を基質分子との直接的な接触によって説明する「鍵と鍵穴説」は基本的に正しく、「誘導適合説」はその修正版（バリエーション）と位置づけられる（親本 5.4.1 項→ p.103）。

　(e) ラクトースを膜輸送するラクトース - パーミアーゼ、筋肉運動ではたらくミオシン ATP アーゼ、遺伝情報を増幅する DNA ポリメラーゼなど、多くの生物学的過程で酵素が中心的な役割を果たす（親本 5.2 節→ p.98）。

問 5.2 解答　① apoenzyme ＋② coenzyme ＝ ③ holoenzyme.

　解説　日本語ではそれぞれ①アポ酵素＋②補酵素＝③ホロ酵素という（親本 8.1.2 項→ p.165）。①の物質名はポリペプチド、②の栄養素名はビタミン。

問 5.3 解答 (a) 鍵と鍵穴説。ドイツのエミール-フィッシャー (Emil Fischer)。(b) 誘導適合説。酵素が基質と結合する際に構造を変化させるという知見を取り入れた。

問 5.4 解答

(a) 糖質、saccharide。配糖体、glycoside。分解酵素、glycosidase。 (b) ショ糖、sucrose。分解酵素、sucrase。 (c) 麦芽糖、maltose。分解酵素、maltase。 (d) ガラクトース配糖体、galactoside、分解酵素、galactosidase。 (e) アミロース、amylose。分解酵素、amylase。 (f) 脂質、lipid。分解酵素、lipase。 (g) タンパク質、protein。分解酵素、proteinase あるいは protease。 (h) ペプチド、peptide。分解酵素、peptidase。 (i) 核酸、nucleic acid。分解酵素、nuclease。 (j) ラクタム、lactam。分解酵素、lactamase。

解説 物質名の語尾を -ase に変えることで、多くの場合その物質を加水分解する酵素の名前になる。したがって (j) のように知らない物質でも、その分解酵素の名前は容易に推測できる。

ちなみにラクタムとは、分子内でアミノ基とカルボキシ基がアミド結合して環化した物質である。その環が 3 員環、4 員環、5 員環、、、の場合をそれぞれ α-ラクタム、β-ラクタム、γ-ラクタム、、、とよぶ。ペニシリン系やセフェム系の抗生物質は β-ラクタム環を含むため、病原菌が β-ラクタマーゼ遺伝子を獲得すると、抗生物質に耐性となってしまう。

問 5.5 解答

(1) グルコース 6-リン酸 ($C_6H_{11}O_5$-OPO_3^{2-})

→ 果糖 6-リン酸 ($C_6H_{11}O_5$-OPO_3^{2-})

グルコース-6-リン酸異性化酵素、glucose-6-phosphate isomerase

(2) 果糖 6-リン酸 ($C_6H_{11}O_5$-OPO_3^{2-}) + ATP

→ 果糖 1,6-二リン酸 ($C_6H_{11}O_5$-$(OPO_3^{2-})_2$) + (ADP)

果糖-6-リン酸リン酸化酵素、fructose-6-phosphate kinase

(3) HOOC-CH=CH-COOH（フマル酸）+（ H_2O ）
 → HOOC-CH(OH)-CH$_2$-COOH (L-リンゴ酸)
 フマル酸加水酵素、fumarate hydratase

(4) $C_6H_9N_3O_2$（ヒスチジン）→ $C_5H_9N_3$（ヒスタミン）+（ CO_2 ）
 ヒスチジン脱炭酸酵素、histidine decarboxylase

解説 酵素の一般名は「基質名 + 酵素の種類名」の組み合わせにすることが多い。日本語は、「異性化酵素」や「加水酵素」などの代わりに「イソメラーゼ」や「ヒドラターゼ」のようなカタカナ書きでも正解であるが、機械的にカタカナ化するのではなく、漢字のような意味も理解しておいてほしい。反応式の穴埋めは、右辺と左辺の原子（C, O, H）や基（リン酸基）の数を比べれば容易に正解できる。(2) 番において、"ATP" と "ADP" の "T" と "D" はそれぞれ "tri-(3)" と "di-(2)" の頭文字であり、ATP が果糖にリン酸基を1つ渡せば ADP に変わる。

問 5.6 解答 EC2. 転移酵素：transferase。 phosphoglycerate kinase
EC3. 加水分解酵素：hydrolase。 tripalmitoylglycerol lipase
EC4. リアーゼ：lyase。 fumarate hydratase
EC5. 異性化酵素：isomerase。 glucose-6-phosphate isomerase

EC 2.

EC 3.

EC 4.

$$\underset{HOOC}{\overset{H}{>}}C=C\underset{H}{\overset{COOH}{<}} + H_2O \longrightarrow \begin{array}{c} CH_2COOH \\ CHCOOH \\ HO \end{array}$$

EC 5.

(グルコース 6-リン酸 → フルクトース 6-リン酸 の構造式)

解説 EC4 の例はクエン酸回路（10 章）に、EC5 の例は解糖系（9 章）に出てくる反応である。また EC2 の逆反応も解糖系に出てくるが、それらを個別に習っていなくても、一般的な酵素の知識で解ける。

問 5.7 解答　(a) 2-phospho-D-glycerate hydro-lyase　　EC 4.2.1.11。
(b) ATP：D-hexose-6-phosphotransferase　　EC 2.7.1.1。
(c) hydrogen-peroxide：hydrogen-peroxide oxidoreductase　　EC 1.11.1.6。

解説 親本の表 5.3（→ p.92）の末尾に紹介した KEGG Enzymes のデータベースが網羅的にそろっており、検索にもたいへん便利である。酵素名（たとえば enolase）を入力して検索すると複数のエントリー（Entry）にヒットする場合もあるが、見当をつけて試しに開いたエントリーの name 欄に、その語単独でずばり慣用名として載せているエントリーが正解である。

系統名は、「基質名」＋「酵素の種類 -ase」の 2 部分からなる。基質が 2 つある酵素では、それらをコロン（:）で結ぶ（たとえば (b) では ATP と D-hexose 6-phosphate）。酸化還元酵素の場合、還元型基質（還元剤）を先に、酸化型基質（酸化剤）を後に書く。(c) で「:」の前後に同じ基質名（hydrogen-peroxide, 過酸化水素, H_2O_2）が書いてあるのは、1 分子の H_2O_2 が還元剤の役割を果たし、もう 1 つの H_2O_2 が酸化剤の役割を演じるからである。前者は酸化されて O_2 になり、後者は還元されて H_2O になる。

問 5.8 解答 次の 3 つの反応が同程度ずつおこる。

(*R*)-TDHCOH ＋ NAD$^+$ → T-(C=O)-D ＋ NADH ＋ H$^+$

(*R*)-TDHCOH ＋ NAD$^+$ → H-(C=O)-T ＋ NADD ＋ H$^+$

(*R*)-TDHCOH ＋ NAD$^+$ → D-(C=O)-H ＋ NADT ＋ H$^+$

解説 アルコール脱水素酵素は、NAD$^+$ を電子供与体（酸化剤）としてアルコールをアルデヒドに酸化する反応を触媒する。メタノールを基質にした場合、ホルムアルデヒドを生成する。

CH_3OH ＋ NAD$^+$ → HCHO ＋ NADH ＋ H$^+$

問題の (*R*)-TDHCOH は、メチル基（CH_3-）の 3 つの H をすべて区別できるように同位体で置き換えた化合物である。ではありながら、CH_3 とヒドロキシ基（-OH）の間は自由に回転する単結合なので、酵素は CH_3- の 3 つの水素原子を区別できず、上記 3 つの反応がともに進行する。

なお、題意のうち「同位体」の意味は、**本書 豆知識 1**（→ p.8）を参照。H(^{1}H)、D(^{2}H)、T(^{3}H) の原子番号は共通に 1（陽子が 1 個）だが、質量数がそれぞれ 1、2、3 と異なる（中性子数がそれぞれ 0、1、2 個）。これらは、質量が違うので物理的には区別できるが、化学的性質は同じなので酵素は一般にほとんど識別できない。(*R*) の意味は、親本の豆知識 5-2 参照（→ p.93）。その記事では、原子番号による順位づけで説明しているが、同位体の場合は質量数で同様に順位づけられる。

問 5.9 解答 トリプシンが塩基性アミノ酸残基の C 末側を加水分解し、エラスチンが側鎖の小さな非極性残基を標的とするのに対し、キモトリプシンは芳香族残基を標的とする。芳香族残基はかさ高く非極性なので、塩基性残基や小さな残基よりタンパク質の表層に存在する割合が低いため、プロテアーゼの標的になりにくく、自己消化を受けにくい。

解説「自己消化」とは、消化酵素が自分自身を基質として分解してしまうこと。3 つのセリンプロテアーゼの基質特異性は、親本 p.110-111 とくに図 5.7 を参照。

問 5.10 解答 ① enzyme　② アミノ酸　③ ポリペプチド　④ 補　⑤ アポ　⑥ ホロ　⑦ RNA　⑧ リボザイム　⑨ リボソーム　⑩ 常　⑪ 基質　⑫ 立体（光学）

解説　親本 5.1 節（→ p.88）で酵素の基本を復習。ほかに 4.3.2 項（→ p.81、リボザイム）や 8.1.2 項（→ p.165、補酵素）など、いろいろな箇所を有機的に結びつけながら参照し、知識のネットワークをつくろう。

6
酵素の速度論とエネルギー論

　この章では、酵素の定量的な側面を学ぶ。1つは反応速度論（kinetics）とよばれる分野で、ミカエリス-メンテンの式とグラフによる取り扱いが中心になる。「モモタラーゼ」とよぶ仮想的な酵素を主役にして、比較的単純な基本を身につけた後、多基質反応や阻害剤効果に発展させる。もう1つはエネルギー論（energetics）であり、酵素反応のギブズ自由エネルギー変化の計算が中心となる。後者が反応の平衡や方向に関わる計算で、前者が反応の速度に関わる計算である。後者はまた、次章で「エネルギー共役による反応の駆動」を理解したり、第3部で各種の代謝系を定量的に考えたりするための基礎にもなる。

> **例題 6.1**
> 　酵素の反応が次のようにあらわせるとすると、その反応速度 V_0 はどのような式になるか。ここで、K_1 は酵素 E と基質 S の結合定数、k_{+2} は ES 複合体から生成物 P が生じる反応の速度定数である。
>
> $$E + S \underset{K_1}{\rightleftharpoons} ES \xrightarrow{k_{+2}} E + P$$

解答 ① 酵素の恒常式は

$$[E]_t = [E] + [ES] \qquad 6.1$$

② [E] と [ES] の関係は、

$$K_1 = \frac{[E][S]}{[ES]}$$

変形して、

$$[E] = \frac{K_1[ES]}{[S]} \qquad 6.2$$

③ [ES] を $[E]_t$ であらわすには、式 6.2 を式 6.1 に代入して、

$$[E]_t = \frac{K_1[ES]}{[S]} + [ES]$$

変形して、

$$[ES] = \frac{[E]_t}{\frac{K_1}{[S]} + 1} \qquad 6.3$$

④ $V_0 = k_2 [ES]$ に式 6.3 を代入して、

$$V_0 = \frac{k_{+2}[E]_t}{\frac{K_1}{[S]} + 1} \qquad 6.4$$

⑤ ここで $V_{\max} = \lim_{[S]\to\infty} V_0$ より、$V_{\max} = k_{+2}[E]_t$ 　6.5
式 6.5 を式 6.4 に代入して、

$$V_0 = \frac{V_{\max}}{\frac{K_1}{[S]} + 1} \qquad 6.6$$

解説 式の導出の手順は、親本 6.1.2 項（→ p.115）について示した基本的なミカエリス‐メンテン式の導出手順にほぼ同じ。ただしステップ②の「定常状態の仮定」では、親本では速度定数を扱ったが、ここでは結合定数（平

衡定数）の定義を用いている。中間体どうしに化学平衡が成り立っている場合は、ここの数式が簡略になって解きやすい。

最終的な式 6.6 は、基本的なミカエリス-メンテン式にそっくりである。ただ K_m が K_1 に置き換わっている。ミカエリスとメンテンのオリジナルな解法は、むしろこちらの式だった（親本 6.1.2 項の末尾参照→ p.120）。

例題 6.2

ATP が ADP と P_i に加水分解される反応の標準ギブズエネルギー変化 $\Delta G^{\circ\prime}$ は -30.5 kJ·mol^{-1} である。37℃に保たれた典型的な細胞のなかで、[ATP] = 4.0 mM、[ADP] = 0.5 mM、[P_i] = 5.0 mM だったとすると、ギブズエネルギー変化 ΔG はいくらか。

解答 ΔG と $\Delta G^{\circ\prime}$ の関係式、

$$\Delta G = \Delta G^{\circ\prime} + RT \ln \frac{[P]^p[Q]^q}{[A]^a[B]^b}$$

を ATP の加水分解反応にあてはめると、

$$\Delta G = \Delta G^{\circ\prime} + RT \ln \frac{[ADP][P_i]}{[ATP]}$$

この式に $\Delta G^{\circ\prime} = -30.5$ kJ·mol^{-1}、[ATP] = 4.0 mM、[ADP] = 0.5 mM、[P_i] = 5.0 mM、$R = 8.315$ J·K^{-1}·mol^{-1}、$T = (273 + 37)$ K を代入すると、

$$\Delta G = -30.5 \text{ kJ·mol}^{-1} + (8.315 \text{ J·K}^{-1}\text{·mol}^{-1})(310 \text{ K})$$
$$\times \ln \frac{0.5 \times 10^{-3} \times 5.0 \times 10^{-3}}{4.0 \times 10^{-3}}$$
$$= -30.5 \text{ kJ·mol}^{-1} - 19.0 \text{ kJ·mol}^{-1} = -49.5 \text{ kJ·mol}^{-1}$$

解説 対数 ln の中の物質の濃度は、標準の M で表した数値を代入する。たとえば 3 mM は 3×10^{-3}、7 μM は 7×10^{-6} とする。分子と分母の次数が同じなら、mM や μM のままでも結局消えるので結果は同じだが、この

問題のように分母が1次で分子が2次だと、単位の間違いは大きな誤差を生じる。

細胞内のATP濃度は、多くの場合1〜10 mM程度の範囲に収まり、ADP濃度はそれよりはるかに低い。ATPがADPとP_iに加水分解される反応の$\Delta G°'$は、Mg^{2+}濃度やイオン強度によって影響を受けるが、一般的には概算値の-30.5 kJ・mol^{-1}を用いることが多い。細胞内の生理的な条件では、ΔGは-50 kJ・mol^{-1}程度である。

・・・・・・・・・演習問題・・・・・・・・・

問 6.1 モモタラーゼ（momotarase）*という酵素は、キビという基質をダンゴという生成物に変える反応を触媒する。反応開始時のキビの濃度 [S] が 10 mM、酵素濃度が 0.20 μg・mL^{-1} の反応液 5.0 mL において、ダンゴ濃度 [P] が下の表のように変化した場合、この反応の初期速度 V_0 はいくらか。

時間（min）	[P] (mM)
0.0	0.00
1.0	0.43
2.0	0.89
4.0	1.76
6.0	2.64
8.0	3.37
10.0	3.81
15.0	4.49
20.0	4.92

問 6.2 モモタラーゼについて、基質の初期濃度 [S] をいろいろ変えて初期速度 V_0 を測定した所、次ページの表のような結果になった。この反応はミカエリス-メンテンの速度論に合うか。合うとすれば、K_m と V_{max} を求めよ。

---

* 問 6.1〜6.7に出てくるモモタラーゼ（momotarase）、キビ、ダンゴ、アン、オニオン、アカオニン、アオオーンは架空の物質。

[S] (mM)	V_0 (µmol·min^{-1}·mg^{-1})
1.0	2.26
1.5	2.91
2.0	3.94
3.0	5.02
5.0	6.78
10.0	8.97
30.0	11.15
50.0	13.31

問 6.3 モモタラーゼの研究を進めた結果、反応中間体は ES 複合体 1 つのみではなく、2 つないし 3 つであることがわかった。下の (a)、(b) の場合について、反応速度 V_0 をそれぞれ指定の速度定数 k や平衡定数 K であらわせ。また、それぞれの K_m と V_{max} はどのようにあらわされるか。

(a)　　$\mathrm{E + S} \underset{k_{-1}}{\overset{k_{+1}}{\rightleftharpoons}} \mathrm{ES} \underset{k_{-2}}{\overset{k_{+2}}{\rightleftharpoons}} \mathrm{ES} \overset{k_{+3}}{\longrightarrow} \mathrm{E + P}$

(b)　　$\mathrm{E + S} \underset{K_1}{\rightleftharpoons} \mathrm{ES}_1 \underset{K_1}{\rightleftharpoons} \mathrm{ES}_2 \underset{K_3}{\rightleftharpoons} \mathrm{ES}_3 \overset{k_4}{\longrightarrow} \mathrm{E + P}$

問 6.4 モモタラーゼは実は、キビとともにアンをも基質にする二基質酵素であることがわかった。2 つの基質（A、B）の結合順序がランダムであり、2 つの生成物（P、Q）も含めいずれも酵素との結合・解離が高速な平衡にあるとすると、この二基質反応の速度式はどうなるか。ヒント：このような場合、律速は EAB → EPQ の変換の段階となる。

問 6.5 オニゴンという物質は、モモタラーゼを阻害する。その阻害様式が下のような場合、それぞれの速度式を求めよ。阻害剤の濃度を [I]、阻害

定数を K_i あるいは K_i' とする。
　　(a) 拮抗阻害、(b) 不拮抗阻害、(c) 混合阻害、(d) 非拮抗阻害

問 6.6　モモタラーゼにアカオニンという阻害剤を加えたところ、活性が低下した。活性低下の度合いは、基質濃度 [S] が高いときも低いときも均等に 60％だった。このことからこの阻害様式を非拮抗阻害だと判定してよいか。可否を述べた上で、その理由も示せ。

問 6.7　モモタラーゼの阻害剤であるアオオニンが 3.0 mM ある場合とまったくない場合とで、基質濃度 [S] を変化させて酵素活性を測定した所、下のような結果になった。

[S] (mM)	V_0 (µmol・min^{-1}・mg^{-1})	
	[I] = 0 mM	[I] = 3 mM
1.0	2.62	1.33
1.5	3.94	1.98
2.0	4.77	2.41
3.0	6.08	3.50
5.0	8.25	4.89
10.0	11.23	7.82
30.0	14.00	11.76
50.0	15.12	13.46

(a) これはどのような阻害様式か。
(b) また、阻害剤のある場合とない場合で、それぞれ K_m と V_{max} を求めよ。
(c) さらに、これの阻害定数 K_i を求めよ。
(d) [S] = 2.0 mM、[I] = 3.0 mM のとき、I（オニゴン）の結合している酵素（EI）は、全酵素分子（E_{total}）のうち何％か。また基質 S の結合している酵素（ES）は何％か。
(e) 同様に、[S] = 20 mM、[I] = 3.0 mM のとき、EI と ES の割合はそれぞれ何％か。

問 6.8 ロイペプチンと塩化ベンズアミジンは、どちらもトリプシン類に対する特異的な阻害剤として、タンパク質試料の保護によく使われる。ロイペプチンはトリペプチド類似体（CH$_3$CO-Leu-Leu-Arg-CHO；ここで C 末は Arg の α-COOH が -CHO に置換）であり、塩化ベンズアミジンは下のような構造である。

さて、両阻害剤に共通な阻害機構を推定せよ。また、キモトリプシンとエラスターゼを阻害するロイペプチン類似体を分子設計せよ。

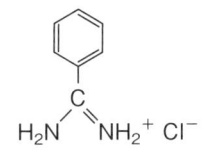

問 6.9 ATP、ADP、P$_i$ の濃度は細胞の種類によって異なるため、ATP の加水分解によって遊離されるエネルギーの量も細胞によって異なる。次の3つの器官における細胞内 ATP 加水分解のギブズエネルギー ΔG_{ATP} を求めよ。遊離エネルギーはどの器官で最も大きいか。解法も記せ。

細胞内濃度 (mM)	ATP	ADP	P$_i$
脳	2.6	0.7	2.7
骨格筋	8.0	0.9	8.0
肝臓	3.5	1.8	5.0

問 6.10 ヒトのユビキノール酸化酵素と、微生物のメナキノール酸化酵素は、それぞれ次の酸化還元反応を触媒する。

(a) ユビキノール ＋ (1/2)O$_2$ → ユビキノン ＋ H$_2$O

(b) メナキノール ＋ (1/2)O$_2$ → メナキノン ＋ H$_2$O

(1) それぞれの反応の標準ギブズエネルギー変化 $\Delta G^{\circ\prime}$ を標準酸化還元電位差 $\Delta E^{\circ\prime}$ から求めよ。

(2) これらの反応に共役して、ADP と P_i から ATP が合成される。それぞれ1分子のキノールが酸化されるのに伴い、最大何個の ATP が合成されうるか。ATP 合成反応のギブズエネルギー変化として、$\varDelta G = +50 \text{ kJ} \cdot \text{mol}^{-1}$ の値を使うこと。

◇◇◇◇◇◇◇ 演習問題の解答と解説 ◇◇◇◇◇◇◇

問 6.1 解答 下のグラフにあるように、6分までは反応が直線的に進むが、その後は減速するので、初期速度 V_0 は6分までの測定値から計算する。[P]上昇の平均値は $0.44 \text{ mM} \cdot \text{min}^{-1}$ なので、

$$V_0 = \frac{0.44 \text{ mM} \cdot \text{min}^{-1} \times 5.0 \text{ mL}}{0.20 \text{ μg} \cdot \text{mL}^{-1} \times 5.0 \text{ mL}}$$

$$= \frac{0.44 \times 5.0 \text{ μmol} \cdot \text{min}^{-1}}{0.20 \times 5.0 \text{ μg}}$$

$$= 2.2 \times 10^3 \text{ μmol} \cdot \text{min}^{-1} \cdot \text{mg}^{-1}$$

$$= 2.2 \times 10^3 \text{ unit} \cdot \text{mg}^{-1}$$

$$= 36.7 \text{ μkat} \cdot \text{mg}^{-1}$$

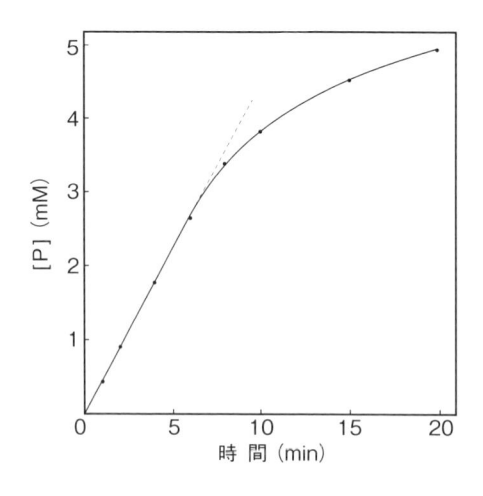

解説 酵素活性の単位と計算は、親本 6.1.3 項（→ p.120）を参照。「数値」の計算では、「数字」だけでなく「単位」も計算できることに注意。たとえば、上の式の1行目から2行目の変形では、"mM × mL = μmol" の計算を使っている。M（モーラー、濃度の単位）は L（リットル、体積の単位）あたりの mol（モル、物質量の単位）なので、

$$\text{M} \times \text{L} = (\text{mol} \cdot \text{L}^{-1}) \times \text{L} = (\text{mol} \cdot \cancel{\text{L}^{-1}}) \times \cancel{\text{L}} = \text{mol}$$

となる。また、補助単位 m（ミリ）は 10^{-3} の意味で、µ（マイクロ）は 10^{-6} の意味なので、

$$\text{m} \times \text{m} = 10^{-3} \times 10^{-3} = 10^{-6} = \mu$$

と計算できる。この 2 つの計算を合わせて、

$$\text{mM} \times \text{mL} = \mu\text{mol}$$

となったわけである。

なお、数式の 4 行目から 5 行目への変形は、60 unit = 1 µkat の換算による（親本 6.1.3 項 → p.120）。

問 6.2 解答　下の左のグラフのように、[S] と V_0 の測定値は飽和曲線を描く。これらの測定値をともに逆数でプロットすると、右のグラフのように直線に載る（ラインウェーバー - バークプロット）。このことは、測定結果がミカエリス - メンテンの速度論に合うことを意味している。

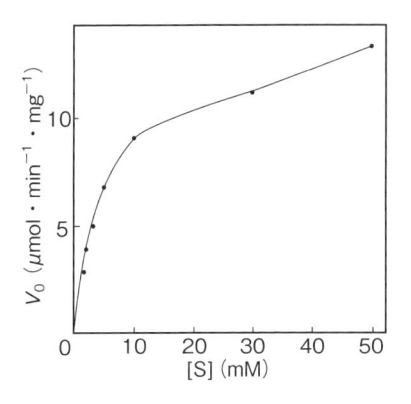

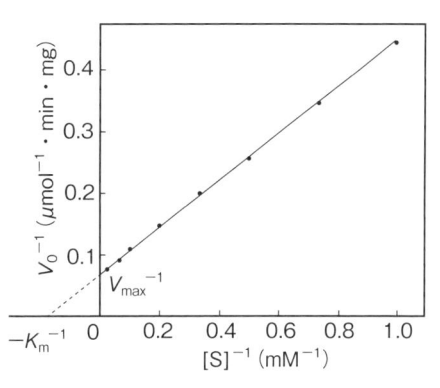

$V_{\max}$ と K_{m} は、非線形最小二乗法により、それぞれ次の値となる：

$$V_{\max} = 14.0\ \mu\text{mol} \cdot \text{min}^{-1} \cdot \text{mg}^{-1},\ K_{\mathrm{m}} = 5.48\ \text{mM}$$

解説　ラインウェーバー-バークプロットの直線の y 切片は $V_{\max}^{-1}$ であり、x 切片は $-K_{\mathrm{m}}^{-1}$ である。従来はこの作図から $V_{\max}$ と K_{m} が求められることが多かった。しかし、両逆数プロットは低 [S] 濃度域で誤差がたいへん大き

いので、推奨できない（親本の豆知識 6-4 → p.129）。コンピュータの数学アプリケーションを使い、非線形最小二乗法で求めるとよい。表計算ソフトウェアのソルバー機能を用いることもできる。ぜひ直線化手法で求めたいという向きでも、両逆数プロットではなく、誤差が比較的均一な点から、x 軸を [S]、y 軸を [S]/V_0 とするグラフ（Hanes-Woolf プロット）のほうがましだとされる。

問 6.3 解答　まず (b) について解く。

① 酵素の恒常式は、$[E]_t = [E] + [ES_1] + [ES_2] + [ES_3]$　　　　6.7

② 各中間体の間の関係は、

$$K_1 = \frac{[E][S]}{[ES_1]}$$

$$K_2 = \frac{[ES_1]}{[ES_2]}$$

$$K_3 = \frac{[ES_2]}{[ES_3]}$$

式 6.7 に代入するよう変形すると、

$$[ES_2] = K_3[ES_3], \quad [ES_1] = K_2 K_3[ES_3],$$

$$[E] = \frac{K_1 K_2 K_3 [ES_3]}{[S]} \qquad 6.8$$

③ 6.8 の 3 式を式 6.7 に代入して、

$$[E]_t = \frac{K_1 K_2 K_3 [ES_3]}{[S]} + K_2 K_3 [ES_3] + K_3 [ES_3] + [ES_3]$$

$$= \left(\frac{K_1 K_2 K_3}{[S]} + K_2 K_3 + K_3 + 1\right)[ES_3]$$

変形して、

$$[ES_3] = \frac{[E]_t}{\dfrac{K_1 K_2 K_3}{[S]} + K_2 K_3 + K_3 + 1}$$

見本

イラスト 基礎からわかる生化学
－構造・酵素・代謝－

2色刷

坂本順司 著　　Ａ５判／292頁／定価（本体3200円＋税）
ISBN978-4-7853-5854-9

難解になりがちな生化学を，かゆいところに手が届く説明で指南する入門書．目に見えずイメージがわきにくい分子や現象を多数のイラストで表現し，色刷りの感覚的なさし絵で日常経験に結びつけ，なじみにくい学術用語も，ことばの由来や相互関係から丁寧に解説しました．『ワークブックで学ぶヒトの生化学』の"親本"で，取り扱う項目や内容・構成などは統一されています．

内容見本

- 私たちの日常生活と感覚的に結びつける豊富なイラスト
- 教科書としてご使用の先生方にも好評です
- 単語の意味や語源などを丁寧に説明する「豆知識」
- ポイントがわかりやすい2色刷の図版

自然科学書出版
裳華房　http://www.shokabo.co.jp/

生化学をより進んで学びたい人のために

コア講義 生化学

田村隆明 著　A5判／208頁／2色刷／本体2500円＋税
ISBN978-4-7853-5219-6

生化学の必要項目を網羅し、さらに発展的学習をサポートするコラムや解説も豊富に用意しました。

コア講義 分子生物学

田村隆明 著　A5判／144頁／本体1500円＋税
ISBN978-4-7853-5213-4

多岐にわたる分子生物学のトピックスをバランスよく14章にまとめ、学習を助けるコラム・解説・演習も随所に設けました。

新 バイオの扉 ―未来を拓く生物工学の世界―

高木正道 監修　A5判／270頁／本体2600円＋税
ISBN978-4-7853-5225-7

医療・健康のためのレッドバイオ、植物・食糧生産のためのグリーンバイオ、工業生産されるホワイトバイオ等、暮らしに役立つバイオ技術の最新の話題を取り上げます。

しくみからわかる 生命工学

田村隆明 著　B5判／224頁／2色刷／本体3100円＋税
ISBN978-4-7853-5227-1

厳選した101個のキーワードを効率よく、無理なく理解できるように各項目を見開き2頁に収め、豊富な図で生命工学の基礎から最新技術までを詳しく解説します。

生物有機化学 ―ケミカルバイオロジーへの展開―

宍戸昌彦・大槻高史 共著　A5判／204頁／本体2300円＋税
ISBN978-4-7853-3220-4

化学の知識に基づいて分子レベルで生命機能を理解し、人工分子の有機化学について学ぶことを目標に、細胞中における人工分子の化学反応や相互作用を解説。

バイオサイエンスのための 蛋白質科学入門

有坂文雄 著　A5判／280頁／2色刷／本体3200円＋税
ISBN978-4-7853-5208-0

蛋白質を構成するアミノ酸の物理化学的な性質から、蛋白質の各種の化学構造、そして蛋白質分子の相互作用まで、丁寧に解説しました。

④ この式を $V_0 = k_{+4}[\text{ES}_3]$ に代入すると、

$$V_0 = \frac{k_{+4}[\text{E}]_t}{\dfrac{K_1 K_2 K_3}{[\text{S}]} + K_2 K_3 + K_3 + 1} \qquad 6.9$$

⑤ ここで $V_{\max} = \lim\limits_{[\text{S}] \to \infty} V_0$ より、

$$V_{\max} = \frac{k_{+4}[\text{E}]_t}{K_2 K_3 + K_3 + 1} \qquad 6.10$$

また、$V_0 = (1/2)\,V_{\max}$ となる際の [S] が K_m なので、これらを式 6.9 に代入して、

$$\frac{1}{2} \frac{k_{+4}[\text{E}]_t}{K_2 K_3 + K_3 + 1} = \frac{k_{+4}[\text{E}]_t}{\dfrac{K_1 K_2 K_3}{K_\text{m}} + K_2 K_3 + K_3 + 1}$$

変形して、

$$2(K_2 K_3 + K_3 + 1) = \frac{K_1 K_2 K_3}{K_\text{m}} + K_2 K_3 + K_3 + 1$$

$$K_\text{m} = \frac{K_1 K_2 K_3}{K_2 K_3 + K_3 + 1} \qquad 6.11$$

これらの式 6.9、式 6.10、式 6.11 がそれぞれ解答である。

(a) についても同様に解くと、

$$V_0 = \frac{k_{+2} k_{+3}[\text{E}]_t}{\dfrac{k_{-1} k_{+3} - k_{-1} k_{-2} + k_{+2} k_{+3}}{k_{+1}[\text{S}]} + k_{+2} + k_{+3} + k_{-2}}$$

$$V_{\max} = \frac{k_{+2} k_{+3}}{k_{+2} + k_{+3} + k_{-2}}$$

$$K_\text{m} = \frac{k_{-1} k_{+3} - k_{-1} k_{-2} + k_{+2} k_{+3}}{(k_{+2} + k_{+3} + k_{-2})\,k_{+1}}$$

解説 (b) **例題 1** や親本 6.1.2 項 (p.115) と同様に解く。**例題 1** に比べ中間体の数が 2 つも多いので、より複雑ではある。しかし (a) に比べると、(b)

のように中間体どうしが平衡定数で結ばれている場合はまだ簡単である。最終的な V_0 の式（ここでは式 6.9）は必ずしも $V_0 = V_{max}/(K_m/[S] + 1)$ の形にはならないが、$V_{max} = \lim_{[S] \to \infty} V_0$ と「$V_0 = (1/2) V_{max}$ のときに $[S] = K_m$」の定義を使えば、これらの速度論的パラメータも求めることができる。

(a) のように速度定数が多いと、途中で間違える危険性は高まるが、考え方自体が難しいわけではないので、地道にトライしてほしい。

問 6.4 解答 下の模式図に示すように、2 つの基質 A, B の酵素への結合定数をそれぞれ K_A、K_B とし、EAB → EPQ の変換の速度定数を k とする。

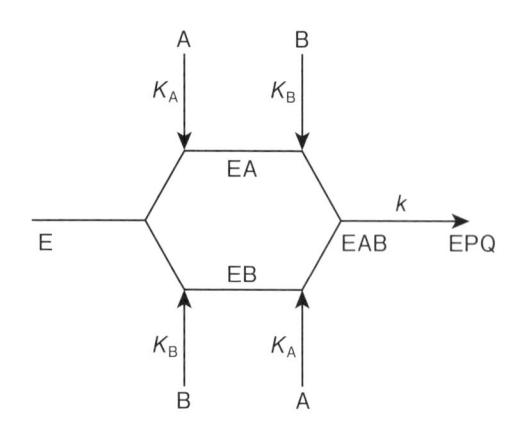

① 酵素の恒常式は、 $[E]_t = [E] + [EA] + [EB] + [EAB]$ 　　　6.12
② 各中間体の間の関係は、

$$K_A = \frac{[E][A]}{[EA]} = \frac{[EB][A]}{[EAB]}$$

$$K_B = \frac{[E][B]}{[EB]} = \frac{[EA][B]}{[EAB]}$$

式 6.12 の [E]、[EA]、[EB] を [EAB] であらわせるようこれらを変形すると、

$$[EB] = \frac{K_A [EAB]}{[A]} \qquad [EA] = \frac{K_B [EAB]}{[B]} \qquad [E] = \frac{K_A K_B [EAB]}{[A][B]}$$

③ これら3式を式6.12に代入すると、

$$[E]_t = \left(\frac{K_A}{[A]} + 1\right)\left(\frac{K_B}{[B]} + 1\right)[EAB]$$

変形して、

$$[EAB] = \frac{[E]_t}{\left(\dfrac{K_A}{[A]} + 1\right)\left(\dfrac{K_B}{[B]} + 1\right)}$$

④ この式を $V_0 = k_3[EAB]$ に代入すると、

$$V_0 = \frac{k_3 [E]_t}{\left(\dfrac{K_A}{[A]} + 1\right)\left(\dfrac{K_B}{[B]} + 1\right)} \qquad 6.13$$

⑤ ここで $V_{\max} = \lim\limits_{[A],[B] \to \infty} V_0$ より、$V_{\max} = k_3 [E]_t$

これを式6.13に代入して、

$$V_0 = \frac{V_{\max}}{\left(\dfrac{K_A}{[A]} + 1\right)\left(\dfrac{K_B}{[B]} + 1\right)}$$

解説 二基質反応でも、**例題1**のような基質が1つだけの反応と同様な考え方で解ける。ただし少し複雑になる。導出された速度式を例題1の式に比べると、基質Aの項と基質Bの項をかけ算した形になっている。このことは、AとBが互いに独立に酵素と相互作用することに対応している。

ここではランダム機構の場合を解いたが、定序逐次機構やピンポン機構でも同様に考えることができる。いずれにせよ平衡定数 K の代わりに速度定数 k が用いられる場合は、ステップ②の各中間体の関係を求める際に「定常状態」の仮定を用いる。

問 6.5 解答　(a) 拮抗阻害：模式図は親本の図 6.6 (a) を参照。

① 酵素の恒常式は、　　　$[E]_t = [E] + [ES] + [EI]$ 　　　　　　　　6.14

② 各中間体の間の関係を求める。まず [E] と [ES] の間の関係は、定常状態の仮定から、

$$\frac{d[ES]}{dt} = k_1[E][S] - (k_2 + k_{-1})[ES] = 0$$

$$[E] = \frac{(k_2 + k_{-1})[ES]}{k_1[S]}$$

ここで簡略化のために、通常のミカエリス定数の式 $K_m = (k_2 + k_{-1})/k_1$ を代入して、

$$[E] = \frac{K_m[ES]}{[S]} \qquad 6.15$$

次に [E] と [EI] の関係は、阻害定数の定義から、

$$K_i = \frac{[E][I]}{[EI]}$$

変形して、

$$[EI] = \frac{[E][I]}{K_i} \qquad 6.16$$

③ 式 6.15 と式 6.16 を恒常式 6.14 に代入すると、

$$[E]_t = \left\{ \frac{K_m\left(1 + \dfrac{[I]}{K_i}\right)}{[S]} + 1 \right\} [ES]$$

$$[ES] = \frac{[E]_t}{\dfrac{K_m\left(1 + \dfrac{[I]}{K_i}\right)}{[S]} + 1}$$

④ この式を $V_0 = k_{+2}[\text{ES}]$ に代入すると、

$$V_0 = \cfrac{k_{+2}[\text{E}]_\text{t}}{\cfrac{K_\text{m}\left(1+\cfrac{[\text{I}]}{K_\text{i}}\right)}{[\text{S}]} + 1}$$

⑤ ここで $V_\text{max} = k_{+4}[\text{E}]_\text{t}$ を代入して、

$$V_0 = \cfrac{V_\text{max}}{\cfrac{K_\text{m}\left(1+\cfrac{[\text{I}]}{K_\text{i}}\right)}{[\text{S}]} + 1} \qquad 6.17$$

(b) 不拮抗阻害：模式図は親本の図 6.6 (b)（→ p.127）を参照して、同様に解く。

$$V_0 = \cfrac{V_\text{max}}{\left(\cfrac{K_\text{m}}{[\text{S}]}+1\right)\left(1+\cfrac{[\text{I}]}{K_\text{i}'}\right)} \qquad 6.18$$

(c) 混合阻害：親本の図 6.6 (c)（→ p.127）を参照。

$$V_0 = \cfrac{V_\text{max}}{\left\{\cfrac{K_\text{m}\left(1+\cfrac{[\text{I}]}{K_\text{i}}\right)}{[\text{S}]}+1\right\}\left(1+\cfrac{[\text{I}]}{K_\text{i}'}\right)} \qquad 6.19$$

(d) 非拮抗阻害：混合阻害において $K_\text{i} = K_\text{i}'$ にあたるので、式 6.19 にこれを代入し変形すると、

$$V_0 = \cfrac{V_\text{max}\left(1+\cfrac{[\text{I}]}{K_\text{i}}\right)}{\cfrac{K_\text{m}}{[\text{S}]}+1} \qquad 6.20$$

解説 (a) 拮抗阻害では、ミカエリス-メンテンの基本式の K_m を $K_m(1 + [I]/K_i)$ に置き換えた形になっている。このことは、拮抗阻害剤があっても V_{max} は変わらないが、見かけの K_m (K_m^{app})** が大きくなることに対応する（親本 図 6.7 (a) → p.128）。

(b) 不拮抗阻害の速度式を簡潔に書くと、式 6.18 のように基本式の分母に $(1 + [I]/K_i')$ を掛けた形になる。この式を適当に変形すると、2 つのパラメータ V_{max} と K_m をともに $(1 + [I]/K_i')$ で割った形に変わる。このことは、見かけの V_{max} と K_m がともに減少することに対応し（親本 図 6.7 (b) → p.128）、その度合いは $1/(1 + [I]/K_i')$ 倍である。

(c) 混合型阻害は、(a) と (b) の両方の効果が加わる複雑な式になる。

(d) は (c) の特殊なケースであり、K_m が変わらないまま見かけの V_{max} が減少する（親本 図 6.7 (c) → p.128）。「不拮抗（uncompetitive）」と「非拮抗（noncompetitive）」は紛らわしい用語なので、混同しないよう気をつける必要がある。非拮抗阻害は数式上 拮抗阻害との対比が明快なので、伝統的に好んで取り上げられてきたが、E と ES への親和性が等しい可逆的阻害剤は、実際にはまれなようである。

問 6.6 解答 判定できない。非拮抗阻害である可能性もあるが、不可逆阻害でもこのような結果を示すので、前者だと断定することはできない。

解説 基質濃度 [S] にかかわらず均等に反応速度が低下するということは、K_m が変わらず V_{max} が下がっていることを意味する。これは非拮抗阻害の場合もありうるが、不可逆阻害でも同様の結果になる。拮抗、非拮抗、不拮抗などの阻害様式は、あくまで可逆阻害のうちの分類である。反応性の高い修飾試薬が活性残基に共有結合するような反応は、酵素に不可逆的なダメージを与え、有効な酵素濃度を下げる作用がある。

** ここで、上付き添字 app は apparent（見かけの）の略。

問 6.7 解答 (a) 下の図のように両逆数プロットをとると、阻害剤がある場合とない場合の直線が縦軸（y 軸）で交叉する。したがって拮抗阻害である。

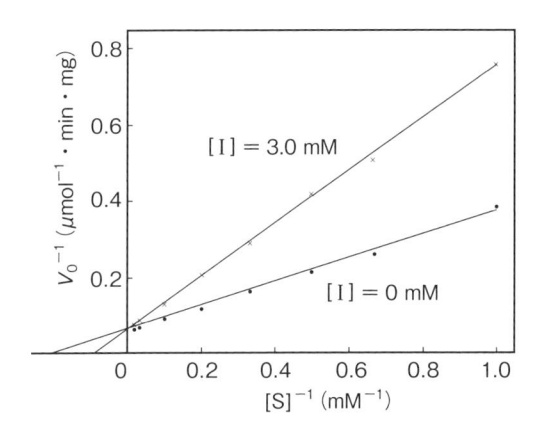

(b) 非線形最小二乗法により、それぞれ次の値が得られる：
[I] = 0 mM の場合；V_{max} = 16.5 μmol・min^{-1}・mg^{-1}, K_m = 4.99 mM
[I] = 3.0 mM の場合；V_{max} = 16.4 μmol・min^{-1}・mg^{-1}, K_m = 11.34 mM

(c) 拮抗阻害剤が存在する場合の見かけの K_m を K_m^{app} とおくと、

$$K_m^{app} = K_m(1 + [I]/K_i)$$

この式に (b) の値 K_m = 4.99 mM、[I] = 3.0 mM、K_m^{app} = 11.34 mM を代入すると、

$$11.34 \text{ mM} = 4.99 \text{ mM} (1 + 3.0 \text{ mM}/K_i)$$

$$K_i = \frac{3.0 \text{ mM}}{\dfrac{11.34}{4.99} - 1}$$

$$= 2.36 \text{ mM}$$

(d) 酵素の恒常式 $[E]_t = [E] + [ES] + [EI]$、[E] と [ES] の関係式 $[ES] = [E][S]/K_m$、[E] と [EI] の関係式 $[EI] = [E][I]/K_i$ の3つの式から、[E]：[ES]：[EI] の比は $1：[S]/K_m：[I]/K_i$ だといえる。この比に [S] = 2.0 mM、[I] = 3.0 mM、K_m = 4.99 mM（(b) の解答）、K_i = 2.36 mM（(c) の解答）を代入すると、1：0.40：0.79 となる。したがって、

(EI の割合) = 1.27/(1 + 0.40 + 1.27) = 0.48　　48%

(ES の割合) = 0.40/(1 + 0.40 + 1.27) = 0.15　　15%

(e) (d) と同様に考える。ただし [S] = 20 mM なので、[E]：[ES]：[EI] = 1：4.0：0.79 となる。

(EI の割合) = 1.27/(1 + 4.0 + 1.27) = 0.20　　20%

(ES の割合) = 4.0/(1 + 4.0 + 1.27) = 0.64　　64%

解説 (a) 阻害様式を判定するには、ラインウェーバー - バークプロットのグラフを描くのが有効である。

(b) 阻害剤のある場合とない場合で、K_m の値は大きく異なるが、V_{max} はほぼ一致する。このことは、(a) のグラフで x 切片（$-K_m^{-1}$）が大きくずれるのに対し、y 切片（V_{max}^{-1}）がほぼ一致することに対応する。

(c) 計算に使う K_m^{app} の式は、**問 6.5** の **解説** (a) 参照。

(d) 解答に用いた 3 つの式は、**問 6.5** の **解説** (a) 参照。酵素の恒常式は式 6.14、[ES] の式は式 6.15、[EI] の式は K_i の定義式。

(e) 基質 S の濃度が高まると、ES の割合が高まると同時に EI の割合は下がる。このことは阻害剤と基質が拮抗的であることによる。

問 6.8 解答　塩化ベンザミジンは水溶液中で解離して芳香族陽イオンとなり、トリプシンの特異性ポケットにフィットする。ロイペプチンはペプチド全体として基質結合部位にフィットする中で、C 末の Arg 類似体側鎖も同じ特異性ポケットに適合する。したがって両阻害剤とも、拮抗的に阻害する。

　トリプシンの特異性ポケットが Arg などの塩基性側鎖にフィットするのに対し、キモトリプシンとエラスターゼのポケットは、それぞれ芳香族側鎖と小さい非極性側鎖に適合するので、次のような阻害剤が考えられる：

キモトリプシン阻害剤：CH_3CO-Leu-Leu-Phe-CHO

エラスターゼ阻害剤：　CH_3CO-Leu-Leu-Ala-CHO

解説　これらペプチダーゼの特異性ポケットについては、親本の図 5.7（→ p.111）参照。

問 6.9 解答 ギブズエネルギーの基本式（親本 6.28 式）、

$$\Delta G = \Delta G^\circ + RT \ln \frac{[P]^p[Q]^q}{[A]^a[B]^b} \qquad 6.28$$

をATPの加水分解反応、

$$\text{ATP} + \text{H}_2\text{O} \rightarrow \text{ADP} + \text{P}_i \qquad 6.34$$

に当てはめると、

$$\Delta G_{\text{ATP}} = \Delta G^{\circ\prime}_{\text{ATP}} + RT \ln \frac{[\text{ADP}][\text{P}_i]}{[\text{ATP}]}$$

となる。ここに $\Delta G^{\circ\prime}_{\text{ATP}}$ と RT の値（親本6.30式→P.133）を代入して式を変形すると、

$$\Delta G_{\text{ATP}} = -30.5\,\text{kJ}\cdot\text{mol}^{-1} + 5.94\,\text{kJ}\cdot\text{mol}^{-1} \log_{10}\frac{[\text{ADP}][\text{P}_i]}{[\text{ATP}]}$$

となる。この式の [ADP]、[P$_i$]、[ATP] それぞれに、問題の表の値を代入すると、

脳：$-49.1\,\text{kJ}\cdot\text{mol}^{-1}$、骨格筋：$-48.6\,\text{kJ}\cdot\text{mol}^{-1}$、肝臓：$-45.9\,\text{kJ}\cdot\text{mol}^{-1}$

解説 温度は親本に合わせ、ヒトの体温（37℃）で計算した。濃度は標準のM（モーラー）で計算する（**本書 例題 6.2 解説→ p.65**）。したがって [ADP]、[P$_i$]、[ATP] は、表に与えられた mM の数字を 1000 で割って計算することに注意。

問 6.10 解答 (1) $\Delta E^{\circ\prime}$ と $\Delta G^{\circ\prime}$ の関係式により、
 (a) ユビキノール：$\Delta G^{\circ\prime} = -nF\Delta E^{\circ\prime}$
  $= -2 \times (9.65 \times 10^4\,\text{C}\cdot\text{mol}^{-1}) \times (0.815 - 0.09)\,\text{V}$
  $= -140\,\text{kJ}\cdot\text{mol}^{-1}$
 (b) メナキノール：$\Delta G^{\circ\prime} = -nF\Delta E^{\circ\prime}$
  $= -2 \times (9.65 \times 10^4\,\text{C}\cdot\text{mol}^{-1}) \times \{0.815 - (-0.074)\}\,\text{V}$
  $= -172\,\text{kJ}\cdot\text{mol}^{-1}$

(2) (a) は最大2分子、(b) は3分子のATPを合成しうる値である。

解説 (1) 各物質の還元半反応の酸化還元電位 $E^{\circ\prime}$ は、親本の表6.2（→ p.139）を参照し、2物質の差から $\Delta E^{\circ\prime}$ を計算する。(a)(b) はともに

2電子酸化還元反応（$n = 2$）である。これらの値をファラデー定数とともに $\Delta G°' = -nF\Delta E°'$（親本の式 6.39 → p.139）に代入する。

　ここでは単位の計算にも着目を。C（クーロン、電荷 Q の単位）と V（ボルト、電圧 E の単位）を掛けると、J（ジュール、エネルギー G の単位）になる。一般に数値計算では、数字と単位を同時に取り扱うと簡潔で間違いが少ない。

 (2) (1) で求めた発エルゴン反応（親本 6.3.2 項→ p.132）の $\Delta G°'$ の値を、吸エルゴン反応である ATP 合成の ΔG の値（$+ 50$ kJ・mol^{-1}）と比較する（ATP 分解の ΔG の値は $- 50$ kJ・mol^{-1}、**本書 例題 6.2 解説→ p.65**）。

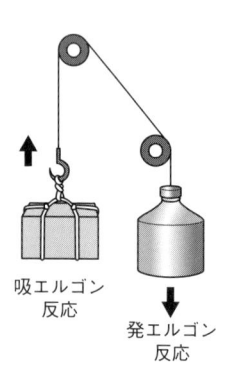

7
代謝系の全体像

　5章と6章では個々の酵素の性質や数量的取り扱いについて学んだが、生体内の実際の酵素は、多くのものがセットで代謝のシステムを構成し、相互に密接に関係しながらはたらいている。ここではそのような全体像の概要を学びたい。ただし代謝サブシステムそれぞれの詳細は第3部の各章で学ぶので、それらを統合する具体的な相互関係については、最後の「14章 総合問題」で整理する。

　酵素は触媒の一種でありながら、無機化合物や金属錯体のような一般の触媒からは質的にかけ離れた性格をもっており、それこそが生命現象の分子的基盤になっている。そのような目覚ましい特徴である調節・共役・鋳型についてもこの章で学ぶ。

例題 7.1

代謝 metabolism は、大きな分子を小さな分子に分解する過程と、小さな分子から大きな分子を生合成する過程とに二大別される。

(1) この両者をそれぞれ何というか、日本語と英語で答えよ。

(2) 次のようなものをそれぞれ何とよぶか。(1) の英語に関係した術語で答えよ。

(a) 男性ホルモンの類似体で、一群の筋肉増強薬の総称。

(b) 微生物の培地に加えた炭素源の代謝産物によって、その細胞の特定の酵素の合成量が低下する現象。

解答 (1) 分解過程：異化、catabolism。　生合成過程：同化、anabolism。
(2) (a) anabolic steroids、アナボリックステロイド。
(b) catabolite repression、カタボライト抑制。

解説 (1)「メタボ」という語は、日常的に肥満・高血圧・高血糖・高脂血症などをともなう不健康な状態を指す不名誉な言葉になっているが、語源のメタボリズム（metabolism、代謝）は正常な生命現象の基盤である。「メタボ」はメタボリック-シンドローム（metabolic syndrome、代謝症候群）の略で、正常なメタボリズムが損なわれた病態を意味する。「認知症」が認知機能の損なわれた病態を意味するのと同様、本来 陽性（プラス）の語が陰性（マイナス）の意味で流通している。

(2) 性ホルモン（男性ホルモン、黄体ホルモン、卵胞ホルモン）と副腎皮質ホルモン（硬質コルチコイドと糖質コルチコイド）は、ステロイド骨格をもつホルモンである。男性ホルモンにはタンパク質同化作用がある。アナボリックステロイドは、男性ホルモン分子の側鎖を改変して筋肉隆々にする効果を高めた薬物である。スポーツにおける薬物乱用（ドーピング）でしばしば問題になる。一方の "catabolite" とは、異化代謝産物のこと。

例題 7.2
多段階の代謝経路の最終産物が初段階の酵素を阻害することを何とよぶか。またこの現象にはどのような利点があるか。

解答 フィードバック阻害（feedback inhibition）。最終産物が過剰に蓄積するのを防ぐことができる。また、直前や中途の段階ではなく初段階に作用することには、中間代謝物（intermediates）が無駄に生成されることを回避する意義もある。

解説 酵素は、それぞれ単独でも優れた性質をもつが、多数が協調する集団（系）としても、より高度に合目的的な機能を発揮する。

演習問題

問 7.1 生体エネルギー学的に、(a) 自発的に進行しうる反応と、(b) 自発的には進行しえない反応を、それぞれ何とよぶか。また、単独では (b) であるような反応でも、適切な (a) の反応と結びつける酵素があれば、進行しうる。このような結びつきを何とよぶか、日本語と英語で答えよ。

問 7.2 次のような生命現象について、(1) それぞれ実例を 2 つずつあげよ。またそれぞれ片方の例に関して、(2) そこではたらくタンパク質分子をあげ、(3) そのはたらくしくみを説明せよ。
  (a) 発電 (b) 運動（力学的な動き） (c) 情報伝達 (d) 発光

問 7.3 胃液は強い酸性で、塩酸（HCl）濃度が 0.15 M である。一方、血液は穏やかな組成であり、pH は 7.4、Cl^- 濃度は 0.10 M である。(1) 胃液はどのようなしくみで強い酸性になるか。また、(2) 胃液を 200 mL 作るのに必要なエネルギーはいくらか。温度は 37℃ とし、エネルギーは HCl 生成に要する分だけ計算せよ。

問 7.4 代謝系の流速（代謝物の変換速度）の調節には、(a) 酵素量の増減を伴う場合と (b) 伴わない場合とがある。両者のしくみを説明せよ。

問 7.5 DNA の複製と転写は、いずれも DNA 鎖を鋳型にして読み取られる点では共通だが、読み取りのエラーが細胞に与える障害の程度は異なる。どちらがより大きいか。またそれはなぜか。

問 7.6 エンドヌクレアーゼには、制限酵素という一群の DNA 分解酵素があり、遺伝子工学の主要な道具（ツール、tool）となっている。*Eco*RV とよばれる制限酵素は、二本鎖 DNA の下のような配列を認識し、そのまん中で両鎖とも切断する：

5′-GAT ATC-3′
3′-CTA TAG-5′

枯草菌のゲノムは 4.2 Mb の環状 DNA である。この DNA を *Eco*RV で切断すると、平均何 bp の DNA 断片が、合計何本生じるか。この DNA の塩基配列はランダムであると仮定して計算せよ。

問 7.7 酵素に関する次の文章のかっこ内に最適な語を答えよ。

　酵素には、無機触媒と異なり、調節を受けるという特徴もある。酵素の調節には 2 つのレベルがある。まず第 1 に、遺伝子発現の調節は、酵素の【①　　】を調節するものであり、主に【②　　　】の段階が調節される。有名な例に、大腸菌で乳糖を分解する【③　　　　　】という酵素の例がある。これの研究に基づいてフランスの F. Jacob と J. Monod が【④　　　】説を提唱することになった。【③　　】の遺伝子を含む 3 つの遺伝子の上流の【⑤　　　　】という部位に、ふだんは【⑥　　　　】というタンパク質が結合して RNA ポリメラーゼの反応を抑えている。しかし培地にグルコースがなく乳糖があるという特殊な条件では、乳糖分子が【⑥　　　　】に結合し【⑤　　　　】からはずれ、mRNA が合成されることによって【③　　　　】が産生される。このように、ある条件が整ったときだけ発現する酵素を一般に【⑦　　】酵素という。これに対して、条件によらず常に発現している酵素を【⑧　　】酵素という。

　酵素の調節の第 2 のレベルは、酵素の【①　　】は変わらないまま【⑨　　】が変動するものである。これには、酵素分子上の触媒中心以外の場所に調節物質が結合することによって酵素の【⑨　　　】が上下するも

のがあり、これを【⑩　　　　　】効果という。多段階の一連の酵素反応によって物質がA→B→C→D→Eと次々に変化する場合において、Eが蓄積するとその生成を押さえるためにA→Bの段階の酵素をEが【⑩　　　　　】作用で阻害することがある。このように、一連の経路をさかのぼって阻害することを【⑪　　　　　】阻害という。また、プロテイン【⑫　　】という酵素は、別の酵素を【⑬　　　】のγ位のリン酸基で修飾し、その【⑨　　　】を変動させる。ホスファターゼという酵素は【⑭　　　】化反応によって逆の影響をもたらす。

　酵素のはたらきとして、「酵素なしでもゆっくりなら進行しうる反応を促進する」という量的な点だけ理解するのでは不十分である。熱力学上、自発的には進行し得ない【⑮　　　　　】反応でも、特定の酵素のはたらきにより、別の【⑯　　　　　】反応と組み合わせることによって進行させうるという、質的な特徴も重要である。このような組み合わせのことを共役という。酵素は化学反応を触媒するだけではなく、この共役のはたらきによって、運動や物質輸送、起電、発光などさまざまな生物学的過程をつかさどる。たとえば筋肉の【⑰　　　　】は、ATPを分解することによってアクチンと反応し、運動を引きおこす。神経や腎臓の【⑱　　　　】は、ATPを分解してNa$^+$イオンを細胞外に、【⑲　　　】イオンを細胞内に輸送する。ホタルの尾部では【⑳　　　　】がやはりATPを分解してルシフェリンと反応し、光を放つ。遺伝情報の【㉑　　　】や転写、【㉒　　　】にも酵素がはたらく。応用面では、遺伝子工学の有用な道具でもある。

◇◇◇◇◇◇◇ 演習問題の解答と解説 ◇◇◇◇◇◇◇

問 7.1 解答　(a) 発エルゴン反応、(b) 吸エルゴン反応。

結びつき：日本語は、共役あるいはエネルギー共役。英語は coupling。

解説　適切なしくみを備えた酵素があれば、発エルゴン反応が吸エルゴン反応を「駆動」(drive) することができる（親本 7.2 節 → p.146）。

問 7.2 解答　(a) 発電：(1) 神経細胞の膜電位。シビレエイやデンキウナギの電気器官。　(2) Na^+, K^+-ATP アーゼ。　(3) 細胞膜に埋め込まれたこの酵素が、1 分子の ATP を加水分解するのに共役して、3 個の Na^+ イオンを細胞内から細胞外に輸送し、同時に 2 個の K^+ イオンを細胞外から細胞内に輸送することによって、膜電位を発生する。
(b) 運動：(1) 筋肉の収縮。精子の鞭毛運動。　(2) ミオシン（筋肉の場合）。
　(3) ミオシンが ATP を加水分解するのに共役して、アクチン繊維と滑り運動をする。
(c) 情報伝達：(1) 信号物質である環状 AMP (cAMP) の細胞内濃度が上下する。神経細胞のインパルスの伝達。　(2) アデニル酸環化酵素とホスホジエステラーゼ (cAMP の場合)。　(3) 細胞外の刺激などに応じて、アデニル酸環化酵素が ATP を分子内環化して cAMP を生成し、細胞の状態を変える。一方、ホスホジエステラーゼはそれを AMP に加水分解して、cAMP の作用を終息させる。
(d) 発光：(1) ホタルの光。オワンクラゲの光。　(2) ルシフェラーゼ（ホタルの場合）。　(3) ルシフェラーゼが ATP を加水分解するのに共役して、ルシフェリンが蛍光を発する。

解説　親本 7.1.2 項、とくに図 7.5 参照 (p.145)。酵素は化学エネルギーと電気エネルギー・運動エネルギー・光エネルギーなどの間のエネルギー変換を触媒したり、情報伝達・信号変換をつかさどったりする。

問 7.3 解答 (1) 胃壁の細胞にはプロトンポンプ、別名 H^+-ATP アーゼとよばれる膜酵素があり、これが ATP の加水分解に共役して H^+ を輸送し、胃酸をつくる。

(2) イオンの濃度勾配とギブズエネルギーの関係は、電気化学ポテンシャルの式を用いて計算する：

$$\Delta\mu_{A^{z+}\text{in-out}} = = zF\Delta\psi_{\text{in-out}} + RT\ln\frac{[A^{z+}]_{\text{in}}}{[A^{z+}]_{\text{out}}}$$

胃液と血液はともに細胞外液なので、膜電位（$\Delta\psi_{\text{in-out}}$）の項は 0 とする。$H^+$ と Cl^- の化学ポテンシャルを、血液を基準に胃液の値として計算すると、

$$\Delta\mu_{\text{gastric-blood}} = RT\ln\frac{[H^+]_{\text{gastric}}[Cl^-]_{\text{gastric}}}{[H^+]_{\text{blood}}[Cl^-]_{\text{blood}}}$$

$$= (8.315\,\text{J}\cdot\text{K}^{-1}\cdot\text{mol}^{-1})(273+37\,\text{K})\ln\frac{0.15\,\text{M}\times 0.15\,\text{M}}{10^{-7.4}\,\text{M}\times 0.10\,\text{M}}$$

$$= (8.315\times 310\,\text{J}\cdot\text{mol}^{-1})\{\ln(0.15^2\times 10)+7.4\ln 10\}$$

$$= 40.1\,\text{kJ}\cdot\text{mol}^{-1}$$

胃液 200 mL 中の HCl の量は、$0.15\,\text{mol}\cdot\text{L}^{-1}\times 0.200\,\text{L} = 3.0\times 10^{-2}\,\text{mol}$ なのでこれを掛けて、

$$40.1\,\text{J}\cdot\text{mol}^{-1}\times 3.0\times 10^{-2}\,\text{mol} = 1.20\,\text{kJ}$$

解説 電気化学ポテンシャルは、親本の式 6.36 (p.136) で計算する。この値に物質の量 (mol) を掛けると、エネルギーの値になる。このように、イオンや溶質の輸送・濃縮などの現象も、ギブズ自由エネルギーの計算で定量的に議論できる。

プロトンポンプの阻害薬は、胃潰瘍や十二指腸潰瘍の治療薬として実用化されている。この H^+-ATP アーゼは Na^+, K^+-ATP アーゼと構造が似ており、分子進化の上で共通の祖先をもつ。

問 7.4 解答 (a) 遺伝子発現の調節。おもに転写速度が調節される。酵素遺伝子のプロモーター付近にあるオペレーターにリプレッサーが結合すると、RNA ポリメラーゼのはたらきが抑制され、酵素の転写が抑えられ、結果的

に酵素量が減少する。逆にアクチベーターが結合すると転写が促進される。これらリプレッサーやアクチベーターのはたらき自体は、代謝物など調節物質の結合・解離に左右される。

(b) アロステリック酵素では、代謝物など調節物質が酵素分子自体に結合して活性を調節する。また、リン酸化・脱リン酸化など共有結合性の修飾を受けることによって調節される酵素もある。

解説 ほかに、消化酵素のトリプシンなどは、前駆体トリプシノーゲンが他のプロテアーゼに限定分解されて活性化されるような調節もある（親本 7.3 節→ p.151）。ただしこれは、前駆体も酵素の一部と考えると (b) に該当するが、前駆体は酵素そのものではないと解釈すると、(a) に当てはまる。後者の場合、この限定分解は「翻訳後修飾による酵素の成熟過程」と見なすことになる。

問 7.5 解答 複製のエラーの方が、障害の程度は大きい。複製エラーの場合、その変異 DNA のすべての産物が障害を受けるとともに、それに続く全世代の DNA 分子に同じ影響が永久に続く可能性がある。一方、転写はくり返され、1 つの DNA 分子から多数の RNA 分子がつくられるので、エラーによって障害を受ける転写産物は、全転写産物の一部に過ぎない。

解説 生体における影響を評価するには、単独の酵素反応どうしの比較だけではなく、その酵素反応が細胞過程においてどのような生理的意味をもっているかまで理解しておくこと。

問 7.6 解答 ゲノム DNA の塩基配列がランダムだとすると、特定の 6 塩基配列が出現するのは、平均 4^6 bp おきである。したがって、

$$（断片数）= \frac{4.2 \times 10^6 \text{ bp}}{4^6 \text{ bp}} = \frac{4.2 \times 10^6 \text{ bp}}{4096 \text{ bp}} = 1025 \text{ （本）}$$

解説 制限酵素の意味は親本 7.4 節（→ p.160）参照。*Eco*RI や *Bam*HI、*Sma*I など、他の 6 残基認識酵素も同じ計算が成り立つ。さらには 4 残基や 8 残基を認識する制限酵素でも、同じように計算することができる。短い断

片にズタズタに切りたいときは、認識配列の短い酵素を使う。断片を長くとどめたい場合は、認識部の長い酵素を使ったり、場合によっては反応時間を短くして分解を限定的にしたりする。

問 7.7 解答　① 量　　② 転写　　③ β-ガラクトシダーゼ　　④ オペロン
⑤ オペレーター　　⑥ リプレッサー　　⑦ 誘導　　⑧ 構成　　⑨ 活性
⑩ アロステリック　　⑪ フィードバック　　⑫ キナーゼ　　⑬ ATP
⑭ 脱リン酸　　⑮ 吸エルゴン　　⑯ 発エルゴン　　⑰ ミオシン
⑱ Naポンプ　　⑲ K^+　　⑳ ルシフェラーゼ　　㉑ 翻訳　　㉒ 複製

　解説　この問題文にもあるように、酵素は、分子レベルの生命現象とその応用技術の主役であるといっても過言ではない。親本7章と5章を幅広く勉強し、酵素と代謝系の全体像をまとめておくこと。

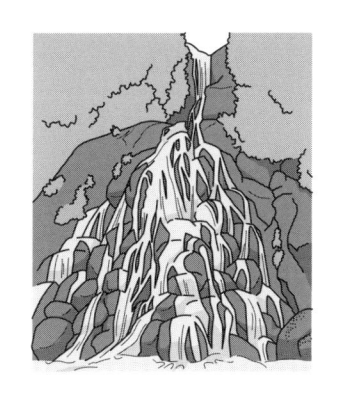

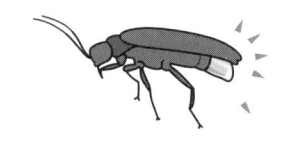

8
ビタミンとミネラル

　第1部で学んだ糖質・脂質・タンパク質は、生化学的には三大生体物質であるが、また栄養学的には三大主要栄養素である。これに対し本章で学ぶビタミンとミネラルは、微量栄養素である。ビタミンは大きく水溶性ビタミンと脂溶性ビタミンに分けられる。このうち水溶性ビタミンの多くは、摂取後に体内で活性化されて補酵素になる。ビタミンを「第2部 酵素編」に配置する理由はここにある。脂溶性ビタミンもやはり体内で活性化され、ホルモンなどとして重要な役割を果たす。以上はすべて有機物だが、ミネラルは無機物である。すべて細胞や組織のはたらきに必須であり、多くはやはり酵素をはじめとするタンパク質の機能を補う成分である。

　ビタミンとミネラルは数多く、個別の性質や機能を記憶するのは大変だが、グループごとにまとめて理解することがよい助けになる。

例題 8.1
　次の脂溶性ビタミンについて、それぞれ (a) おもな物質の化学的名称と、(b) 生理的機能を答えよ。
(1) ビタミン A　　(2) ビタミン D　　(3) ビタミン E　　(4) ビタミン K

　解答　(1) (a) レチノール、(b) レチナールに修飾され、網膜における光受容にはたらく。またレチノイン酸に修飾され、上皮組織の分化を誘導するホルモンとしてはたらく。
　(2) (a) カルシフェロール、(b) ジヒドロキシカルシフェロールに修飾

され、カルシウム代謝を調節するホルモンとしてはたらく。

(3) (a) トコフェロール、(b) 抗酸化作用。とくに細胞膜の保護にはたらく。

(4) (a) メナキノン、(b) 各種の酸化還元酵素反応の補酵素としてはたらく。血液凝固因子の合成にはたらく。

解説 水溶性ビタミンの多くが共通に酵素反応の補酵素としてはたらくのに対し、脂溶性ビタミンの機能はそれより幅広く、酵素以外のタンパク質で補欠分子族となったり、ホルモンとしてはたらいたりするものもある。上の解答例で「(b) 生理機能」に書き添えた化学修飾は、必ずしもここに含める必要のない事項である。ただし問われることの多い重要項目なので、合わせて把握しておくべきである。

例題 8.2
ATP, CoA, FAD, NAD, NADP の計 5 つの補酵素の分子構造に共通な特徴は何か。

解答 ヌクレオチドの ADP を含む点。

解説 「アデニン」（プリン塩基）や「アデノシン」（ヌクレオシド）、AMP も共通だが、最大限の共通性を答えるのが最適。

一般に酵素の本体はタンパク質（ポリペプチド）だが、リボヌクレオチドを含む補酵素が、多くの酵素の活性中心で重要な役割を演じているわけである。このことは、分子進化の初期段階では RNA が触媒活性を担っていたという、「RNA ワールド」仮説を指示する証拠の 1 つとされる（親本 豆知識 8-1 → p.170）。

演習問題

問 8.1 微量栄養素のビタミンは、大きく2群に分類される。
(1) 何と何か。
(2) この2つのうち、体内に数か月分貯蔵されるものに○、日々の食事で摂る必要があるものに△をつけよ。
(3) この2つのうち、一般に欠乏症のあるものに■、過剰症のあるものに×を付けよ。

問 8.2 ビタミンの多くは補酵素や補欠分子族の前駆体である。次のビタミンは、それぞれ (a) どんな修飾を受けて、(b) 何という補酵素あるいは補欠分子族になるか。
(1) ビタミン A（レチノール）、 (2) ビタミン B_1（チアミン）、
(3) パントテン酸、 (4) ナイアシン、 (5) 葉酸

問 8.3 次の水溶性ビタミンについて、それぞれ (a) 別名（化学名）、(b) 構造式、(c) それから生じる補酵素の名称、(d) それぞれがはたらく反応、の4点を答えよ。
(1) ビタミン B_1 (2) ビタミン B_2 (3) ビタミン B_6 (4) ビタミン C

問 8.4 ビタミン B_{12} 欠乏症の悪性貧血は、まれではあるが遺伝性疾患として生じることがある。この場合、ビタミン B_{12} が豊富な肉類や酪農製品を十分食べていても発症を防げない。
(1) このような疾患の原因を推定せよ。
(2) どのような治療が有効だと考えられるか。

問 8.5　ミネラルに関する次の問に答えよ。

(1) 細胞外液と内液それぞれに、イオンとして最も多く存在するアルカリ金属の元素名と元素記号。

(2) Fe を含む 2 種類のヘムタンパク質；1 つは血液中で O_2 を結合して運ぶ。もう 1 つは全身のミトコンドリアや肝臓の小胞体で電子を伝達する。

(3) 欠乏すると味覚障害を引きおこす元素の名称と元素記号。

(4) 骨に最も多いが、体中の組織で細胞内信号物質としてはたらくアルカリ土類金属。

(5) 酸化的リン酸化ではたらく膜酵素群の補因子としてはたらく 2 つの金属元素。

◇◇◇◇◇◇◇ 演習問題の解答と解説 ◇◇◇◇◇◇◇

問 8.1 解答　(1) 水溶性ビタミンと脂溶性ビタミン

(2) 水溶性ビタミン：△　　脂溶性ビタミン：◯

(3) 水溶性ビタミン：■　　脂溶性ビタミン：■ ×

解説　水溶性ビタミンは水相を自由に拡散できるので排泄されやすいのに対し、脂溶性ビタミンは水相に移行しにくく体内の脂質に蓄積しがちである。これらの性質は利点にも欠点にもなりうる。水溶性ビタミンは、過剰に蓄積されて有害作用を示すことが少ない一方、排泄され易いので毎日食餌から摂取する必要がある。これとは対照的に脂溶性ビタミンは、脂肪組織などに溶け込むので摂取の頻度は低くてもかまわないのに対し、大量の投薬などで過剰症がおこりやすい。

ただし、水溶性ビタミンでもナイアシンなどは摂取許容量に厳しい上限が決められており、脂溶性ビタミンでも E と K は上限が緩い。いずれにせよ、過剰症の大部分は薬剤やサプリメントとして大量に摂った場合にあらわれるのであり、通常の食事で心配する必要はない。逆に不足すると欠乏症になるのは、ビタミン全般に共通である。

8. ビタミンとミネラル

問 8.2 解答　(1) (a) アルコールからアルデヒドあるいはカルボン酸への酸化、(b) レチナール（視物質の補欠分子族）、レチノイン酸（上皮組織の分化を誘導するホルモン）。

(2) (a) 二リン酸化、(b) チアミン二リン酸

(3) (a) ADP とリン酸エステル結合し、システアミンとアミド結合する、(b) 補酵素 A（CoA）

(4) (a) リボヌクレオチドの塩基となり、AMP と結合しジヌクレオチドを形成、(b) NAD と NADP。

(5) (a) 4 電子還元、(b) テトラヒドロ葉酸。

解説　ビタミンはそのままの形で機能するのではなく、生体内でリン酸化・還元・基の付加など、ビタミンの種類ごとに異なる化学修飾を受け、機能できる形に変わってからはたらく。このような修飾を「活性化」という（親本 8 章全体のほか、豆知識 7-1 → p.150 も参照）。

問 8.3 解答　(b) の構造式は次ページにまとめて掲載。

(1) (a) チアミン、(c) チアミン二リン酸、(d) アルデヒド基の転移反応、オキソ酸の脱炭酸反応。

(2) (a) リボフラビン、(c) FMN と FAD、(d) 細胞呼吸における酸化還元反応。

(3) (a) ピリドキシン、ピリドキサル、ピリドキサミン、(c) ピリドキサルリン酸、(d) アミノ酸代謝におけるアミノ基転移反応。

(4) (a) L-アスコルビン酸、(c) L-アスコルビン酸の 1 価の陰イオン、(d) 抗酸化作用。コラーゲンやノルアドレナリンなどの生合成において、その前駆体をヒドロキシ化する反応。

(b) の構造式

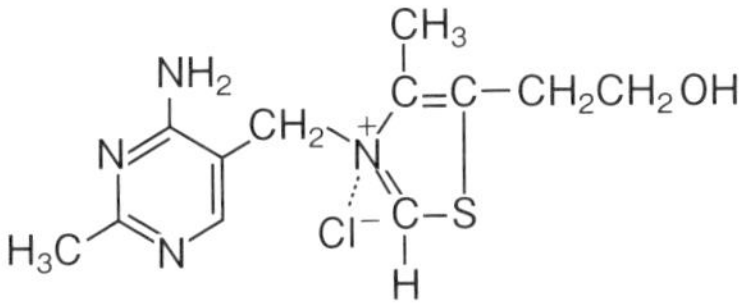

(1) ビタミン B₁

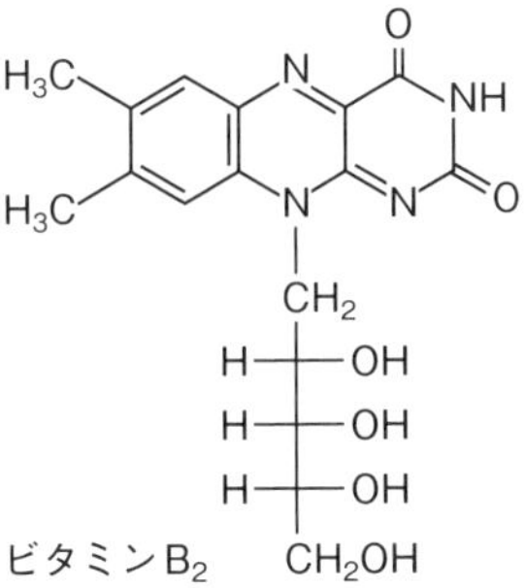

(2) ビタミン B₂

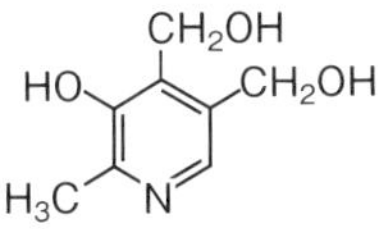

ピリドキシン 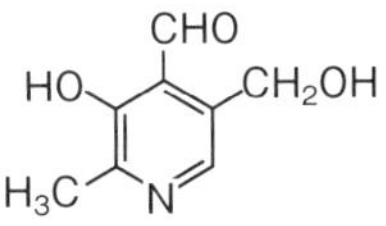　　ピリドキサル 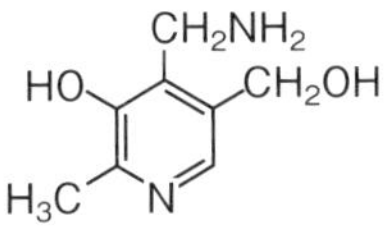　　ピリドキサミン

(3) ビタミン B₆

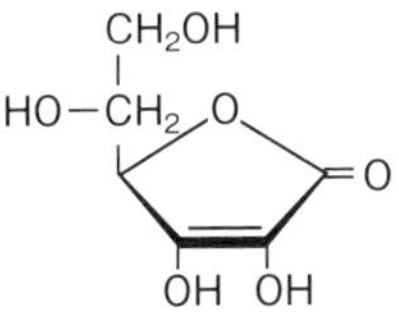

(4) ビタミン C

解説　水溶性ビタミンは酵素反応の補酵素としてはたらくものが多い。ただし食物として摂取されたままの形ではなく、リン酸化などの化学修飾により活性化されてから機能する。具体的には、酸化還元における電子運搬体や、脱離反応・置換反応における基の運搬体などとしての役割がある。

問 8.4 解答　(1) 腸管においてビタミン B_{12} を吸収する輸送系が不全。
(2) 腸管を経ず注射により投与する。

解説　ビタミン B_{12} はおもに回腸で吸収される。イマースルンド-グラスベック症候群という遺伝性疾患では、回腸における B_{12} の吸収が低下する。

ほかに、自己免疫性胃炎や腸管摘出手術などによっても、B_{12}吸収不全による欠乏症のおこることがある。

問 8.5 解答　(1) 外液：ナトリウム、Na　　内液：カリウム、K
(2) 血液：ヘモグロビン　　全身と肝臓：シトクロム
(3) 亜鉛、Zn　　(4) カルシウム、Ca　　(5) 鉄（Fe）と銅（Cu）

　解説　(1) K^+とNa^+は、それぞれ細胞内と外に最も多い1価の陽イオン。細胞外液は間質液、細胞内液は細胞質ゾルともいう。
　(2) ヘモグロビンは赤血球にあって酸素を運搬するので、Feが不足すると鉄欠乏性貧血になる。シトクロムについては、親本豆知識 7-2（p.151）と 10.3 節（p.219）参照。
　(3) 8.4 節末尾（p.182）に記載。
　(5) 酸化還元反応（電子の授受）により、Feは2価（Fe^{2+}）と3価（Fe^{3+}）、Cuは1価（Cu^+）と2価（Cu^{2+}）の間で変化する。

第3部

代謝編

9. 糖質の代謝 …………………… 100
10. 好気的代謝の中心 …………… 111
11. 脂質の代謝 …………………… 122
12. アミノ酸の代謝 ……………… 130
13. ヌクレオチドの代謝 ………… 138
14. 総合問題－代謝系の相互関係－ … 144

9 糖質の代謝

　糖質代謝では、何といっても解糖系が最重要である。解糖系の意義は糖質の代謝に限定されるわけではなく、次章のクエン酸回路とともに、脂質・アミノ酸なども含む生体物質全体の代謝系でも中心となる。そこでこの2つの代謝系を「中枢代謝」とよぶこともある。糖質の代謝系ではほかに、糖新生・五炭糖リン酸経路・多糖の代謝も押さえておきたい。膵臓ホルモンによる血糖値の調節も、これら糖質の代謝系と深く関わる。

例題 9.1
　次ページの図は解糖系の概要を示す。四角の空欄□には物質名を、かっこの空欄（　）には酵素名（あるいは酵素名の一部）を埋めて、概略図を完成せよ。

解答　①ヘキソキナーゼ　②フルクトース 6-リン酸　③ ATP　④ ADP　⑤キナーゼ　⑥アルドラーゼ　⑦グリセルアルデヒド 3-リン酸　⑧異性化酵素　⑨脱水素酵素　⑩ ADP　⑪ ATP　⑫ムターゼ　⑬ 2-ホスホグリセリン酸　⑭エノラーゼ　⑮キナーゼ

解説　親本 5.1.2 項（p.89）で学んだように、酵素名と反応の種類とはよく対応しているので、一方が与えられていれば他方は容易に推定できることが多い。キナーゼ反応・異性化反応・酸化還元反応などは登場する頻度も高

101

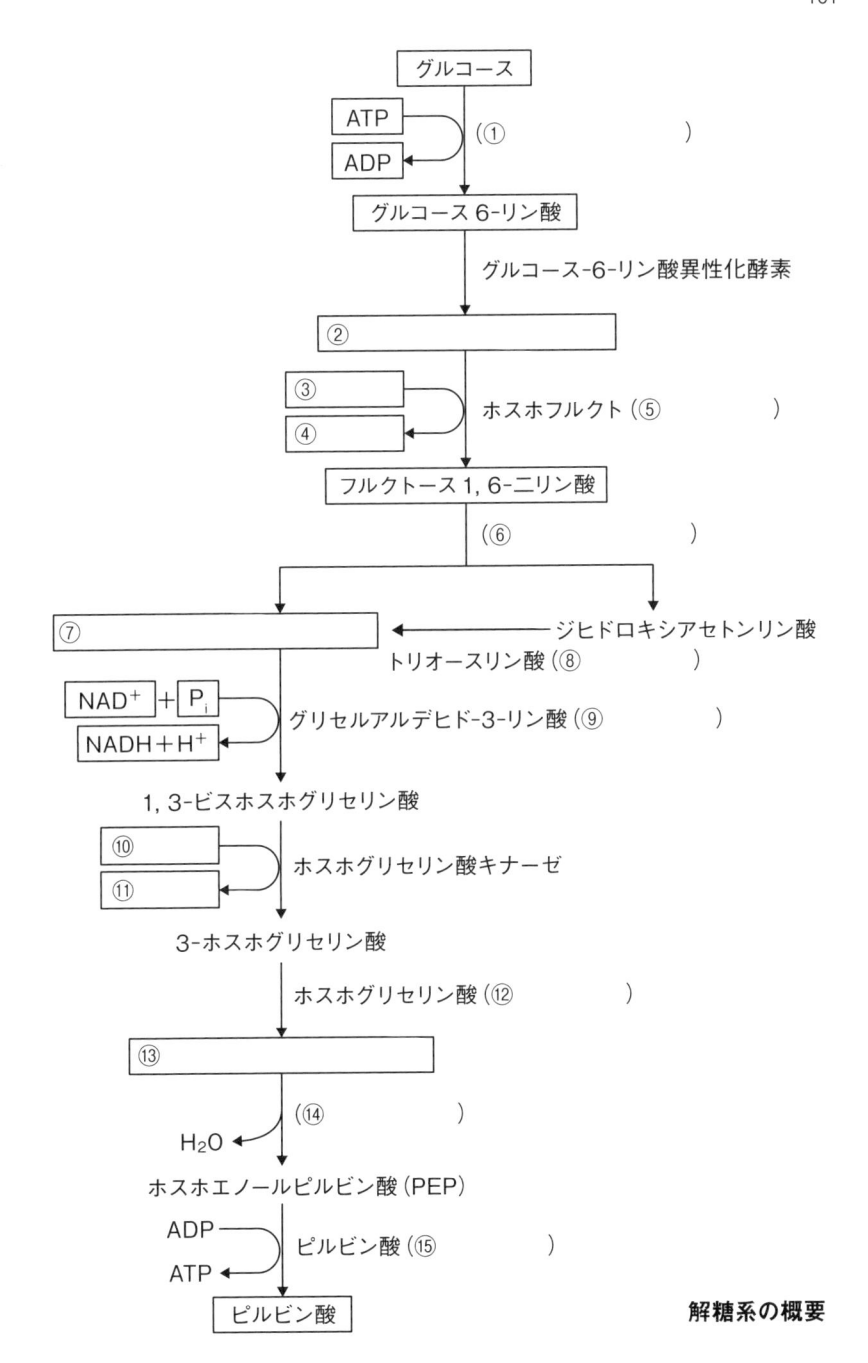

```
                    グルコース
                        │
         ATP ┐          │
             ├──────(①        )
         ADP ◄┘         │
                        ▼
                  グルコース 6-リン酸
                        │
                        │ グルコース-6-リン酸異性化酵素
                        ▼
                  ┌──────────────┐
                  │      ②       │
                  └──────────────┘
                        │
           ③ ┐          │
             ├── ホスホフルクト(⑤       )
           ④ ◄┘         │
                        ▼
                 フルクトース 1, 6-ニリン酸
                        │
                        │ (⑥          )
                  ┌─────┴─────┐
                  │           │
          ┌──────────────┐    │
          │      ⑦       │◄───── ジヒドロキシアセトンリン酸
          └──────────────┘
                  トリオースリン酸(⑧       )
                        │
     NAD⁺ + Pᵢ ┐        │
                ├── グリセルアルデヒド-3-リン酸(⑨       )
     NADH+H⁺ ◄┘         │
                        ▼
              1, 3-ビスホスホグリセリン酸
                        │
            ⑩ ┐         │
              ├── ホスホグリセリン酸キナーゼ
            ⑪ ◄┘        │
                        ▼
                3-ホスホグリセリン酸
                        │
                        │ ホスホグリセリン酸(⑫       )
                        ▼
                  ┌──────────────┐
                  │      ⑬       │
                  └──────────────┘
                        │
              H₂O ◄─── (⑭       )
                        ▼
              ホスホエノールピルビン酸 (PEP)
                        │
         ADP ┐          │
             ├── ピルビン酸(⑮       )
         ATP ◄┘         │
                        ▼
                    ピルビン酸
```

解糖系の概要

第3部 代謝編

く、対応関係もわかりやすいほうである。ただし、酵素名は逆反応につけられている場合もあることに要注意。また、アルドラーゼやエノラーゼのように、やや特殊で個別に理解しておく必要のある酵素もある。

> **豆知識 9 「発酵」の狭義と広義**
>
> 発酵には狭義と広義 2 つの意味がある。生化学における厳密な意味では、グルコースなどの有機物を嫌気的に分解してエネルギーを獲得する代謝様式である。日常生活や発酵生産における幅広い意味では、微生物が引き起こす化学変化のうち人間にとって都合のいい反応である。狭義の「発酵」の対立概念には呼吸と光合成があり（親本 豆知識 9-2 → p.193）、これらは生物界における「三大エネルギー獲得系」である。広義の「発酵」の対立概念は腐敗である。こちらの発酵は、飲食品や有用物質の製造とか有毒物質の分解処理に利用されるのに対し、腐敗は、有害物質や悪臭物質を作り出す。発酵も腐敗も、微生物にとっては生存や増殖に必要で同列だが、人間の価値観に基づいて区分されている。アルコール発酵と乳酸発酵は広狭両義に合致するが、アミノ酸発酵や核酸発酵は呼吸を伴う代謝なので、狭義には当てはまらない。

> **例題 9.2**
>
> 多糖類の分解は、消化管内腔と筋肉や肝臓の細胞内とでは、異なる化学反応でなされる。(1) それぞれどのような分解反応か。また、(2) この 2 つの分解のうち、後者は前者にない利点がある。どのような利点か説明せよ。

解答 (1) 消化管内腔：加水分解（hydrolysis）。
筋肉や肝臓の細胞内：加リン酸分解（phosphorolysis）。
(2) 後者の利点：ATP を消費することなく、多糖類の貯蔵エネルギーをリン酸化グルコースという形で保持する。すなわち、エネルギー獲得の効率がよいという利点がある。

解説 基質へのリン酸基の付加は通常、ATP を消費しておこなわれる（た

とえば前ページの図の①の反応）。したがって ATP の消費を伴わずにリン酸化できることは、エネルギー面の利得である。「単量体が重合している＝多量体を形成している」ということ自体がエネルギーを抱えている状態であり、加リン酸分解はそれを有効に活用している。

・・・・・・・・・・・・演習問題・・・・・・・・・・・

問 9.1 解糖系の反応の総和は、次の反応式であらわすことができる。

$$C_6H_{12}O_6 + 2ADP + 2P_i + 2NAD^+ \rightarrow 2CH_3COCOOH + 2ATP + 2H_2O + 2NADH + 2H^+$$

解糖系には、(1) グルコースの分解、(2) 還元力の回収、(3) エネルギー通貨の合成、の3つの意味があることを示すため、上の式を3つの部分反応に分割するなら、それぞれはどのような反応式であらわせるか、下の空欄を埋めよ。なお、3つの部分反応の間でやり取りされる水素原子は、[H] であらわせ。

(1) $C_6H_{12}O_6$　　　　　　　→（　　　　　　　　　　　）
(2) (　)NAD^+ + (　)[H]　→（　　　　　　　　　　　）
(3) (　)ADP + (　　　)　→（　　　　　　　　　　　）

問 9.2 アルコール発酵や乳酸発酵をおこなう代表的な微生物の名称をそれぞれ答えよ。またこの微生物を使って製造する飲食品を1つずつあげよ。

問 9.3 細胞内で次の糖質を出発材料とした場合、1分子あるいは1残基あたり何分子の ATP が解糖系で生成されるか。

(1) グルコース1分子　　(2) ラクトース1分子
(3) グリコーゲンのグルコース1残基

問 9.4　下の図はアルコール発酵の 12 段階の酵素反応を示している。[　　] の空欄にそれぞれ最適の語句や略号を答えよ。

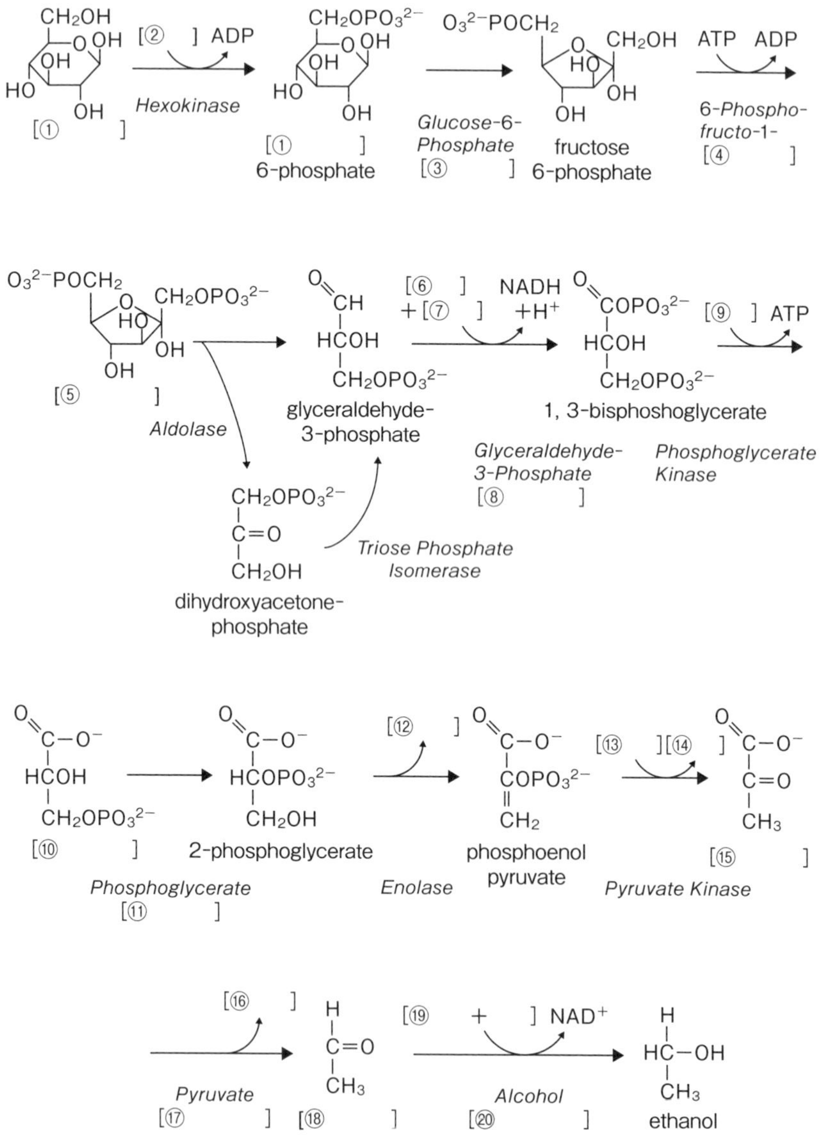
[①　　]
[②　　] ADP
Hexokinase
[①　　] 6-phosphate
Glucose-6-Phosphate [③　　]
fructose 6-phosphate
ATP ADP
6-Phospho-fructo-1-[④　　]
[⑤　　]
Aldolase
glyceraldehyde-3-phosphate
dihydroxyacetone-phosphate
Triose Phosphate Isomerase
[⑥　　] + [⑦　　] NADH + H+
Glyceraldehyde-3-Phosphate [⑧　　]
1, 3-bisphoshoglycerate
[⑨　　] ATP
Phosphoglycerate Kinase
[⑩　　]
Phosphoglycerate [⑪　　]
2-phosphoglycerate
[⑫　　]
Enolase
phosphoenol pyruvate
[⑬　　][⑭　　]
Pyruvate Kinase
[⑮　　]
[⑯　　]
Pyruvate [⑰　　]
[⑱　　]
[⑲　　+　　] NAD+
Alcohol [⑳　　]
ethanol

演習問題

問 9.5 糖新生では、解糖系の10段階の酵素のうち7つを使い、逆反応が進行する。残り3段階は解糖系と異なる酵素が触媒し、「迂回路」を形成する。下の解糖系の図において、どの段階が糖新生で迂回されるか、書き込め。また、糖新生で消費・生成される高エネルギーリン酸化合物も書き込め。

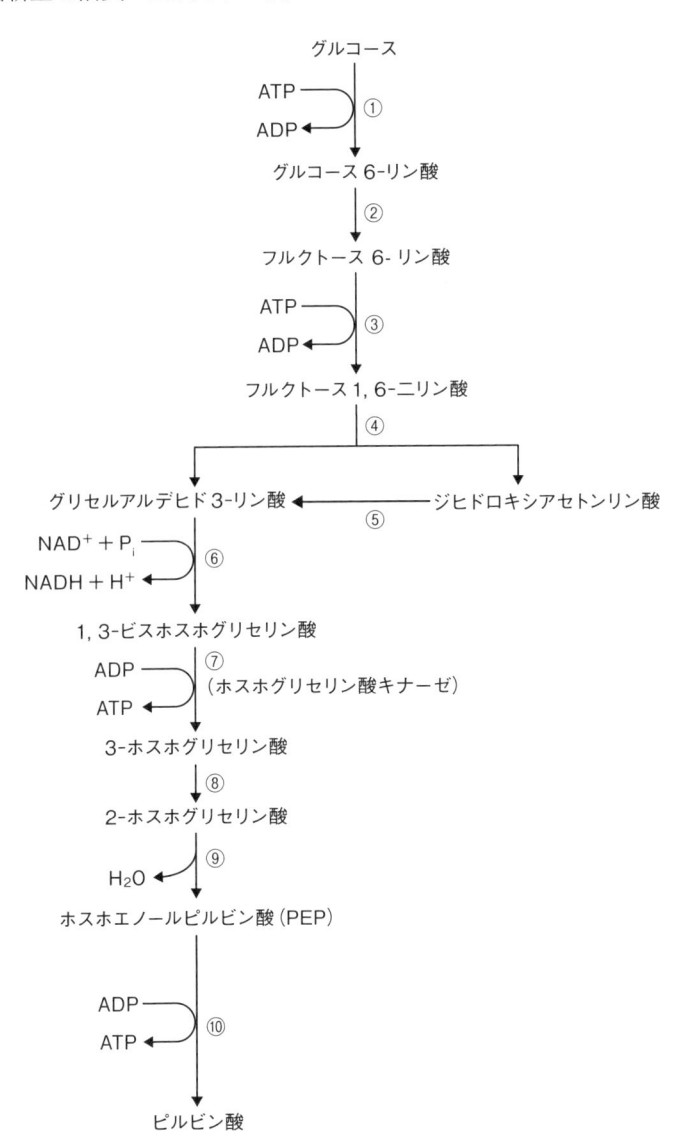

```
                グルコース
        ATP ─┐
             │ ①
        ADP ←┘
                グルコース 6-リン酸
                   │ ②
                フルクトース 6-リン酸
        ATP ─┐
             │ ③
        ADP ←┘
                フルクトース 1,6-二リン酸
                   │ ④
      ┌────────────┴────────────┐
      ↓                         
グリセルアルデヒド 3-リン酸 ← ── ジヒドロキシアセトンリン酸
                              ⑤
   NAD⁺ + Pᵢ ─┐
              │ ⑥
   NADH + H⁺ ←┘
                1,3-ビスホスホグリセリン酸
        ADP ─┐ ⑦
             │ (ホスホグリセリン酸キナーゼ)
        ATP ←┘
                3-ホスホグリセリン酸
                   │ ⑧
                2-ホスホグリセリン酸
        H₂O ←─┐ ⑨
                ホスホエノールピルビン酸 (PEP)
        ADP ─┐
             │ ⑩
        ATP ←┘
                ピルビン酸
```

問 9.6　次の接頭辞や接尾辞の意味を書け。
　　(a) endo-　(b) exo-　(c) iso-　(d) hexa-

問 9.7　代謝が関わる病気について、次の問いに答えよ。
(a) ガラクトース血症：　ガラクトース代謝ではたらく酵素の遺伝子が欠損しておこる。これと同様、アミノ酸代謝ではたらく酵素遺伝子の欠損に起因する疾患を2つあげよ。また一般に、酵素遺伝子の欠損による遺伝的な疾患を何と総称するか。
(b) 脚気：　あるビタミンが不足しておこる病気である。何というビタミンが不足する病気か。また一般に、ビタミン不足でおこる疾患を何と総称するか。
(c) 糖尿病：　血糖値が異常に高まる病気。血糖値は、2つの膵臓ホルモンが糖の代謝を拮抗的に調節して制御する。その一方のはたらきが何らかの原因で異常になっておこる。原因は様々なので、病名というより症候群の名といえる。高血糖は、最近話題の「××シンドローム」の4要素の1つである。この「××」は何か。また上記2つの膵臓ホルモンの名称を答えよ。

問 9.8　代謝などに関する次の文章の空欄に最適の語句や元素記号、化学式、数字などを答えよ。ただし角かっこ [　] の空欄には英語を埋めよ。

　ヒトの主なエネルギー貯蔵物質は、筋肉や（①　　　　）に蓄えられる多糖の（②　　　　　　）と、トリアシルグリセロールを代表とする中性（③　　　）の2つである。エネルギー貯蔵量は、（②　　　　　　）が約（④　　）日分しかないのに対し、（③　　　）は約（⑤　　）日分もある。脂質の英語が [⑥　　　　] であるのに対し、（③　　　）の英語は、形容詞としては（⑦　　　　　　）の意味である [⑧　　　　] である。（②　　　　　　）は単糖の（⑨　　　　　　）の重合体（多量体）である。

◇◇◇◇◇◇◇ 演習問題の解答と解説 ◇◇◇◇◇◇◇

問9.1 解答
(1) $C_6H_{12}O_6$ → ($2\,CH_3COCOOH + 4[H]$)
(2) (2) NAD^+ + (4) [H] → ($2\,NADH + 2\,H^+$)
(3) (2) ADP + ($2\,P_i$) → ($2\,ATP + 2H_2O$)

解説 C_6化合物であるグルコース（$C_6H_{12}O_6$）1分子は、解糖系でC_3化合物であるピルビン酸2分子に分割される。その際、反応式のC、H、O各原子の数を左辺と右辺で比べ、もし右辺にHが不足していれば、その分[H]を書き足す。この[H]は、酸化型補酵素NAD^+を還元するのに使われる。

NAD^+は二電子還元を受けることを思い出そう。また、NADHが生成される際は、H^+も同時に生じることも忘れないように（親本8.2.1項→ p.167）。左辺と右辺の電荷をそろえることからも、この点は確認できる。また、ATPの脱リン酸化が「加水」分解であること（すなわち水分子が加わること）を思い出せば、ADPのリン酸化で水分子が生じることも理解できる。

問9.2 解答 アルコール発酵→微生物：酵母。飲食品：酒類（清酒、焼酎、ワイン、ビール）、パンなどから1つ。

乳酸発酵→微生物：乳酸菌。飲食品：ヨーグルト、漬け物などから1つ。

解説 親本9.1.4項（→ p.193）を参照。

問9.3 解答 (1) グルコース1分子→2分子 (2) ラクトース1分子→4分子 (3) グリコーゲンのグルコース1残基→3分子

解説 解糖系では、グルコース1分子の分解で2分子のATPが生成される。ラクトースはラクターゼで分解されてグルコースとガラクトースが1分子ずつ生じる。ガラクトースもグルコースに変換されて、解糖系に投入される。グリコーゲンは、細胞内では加水分解によってグルコースになるのではなく、加リン酸分解によってグルコース1-リン酸になる。グルコース1-リン酸の解糖ではATP 1分子の分解が節約されるため、差し引き3分子のATPが生じる（親本9.4.2項→ p.204）。

9．糖質の代謝

問 9.4 解答 ① glucose　② ATP　③ Isomerase　④ Kinase　⑤ fructose 1,6-bisphosphate　⑥と⑦ NAD^+ と P_i（順不同）　⑧ Dehydrogenase　⑨ ADP　⑩ 3-phosphoglycerate　⑪ Mutase　⑫ H_2O　⑬ ADP　⑭ ATP　⑮ pyruvate　⑯ CO_2　⑰ Decarboxylase　⑱ acetaldehyde　⑲ $NADH+H^+$　⑳ Dehydrogenase

解説　代謝経路の穴埋め問題は、丸ごと暗記するのでは応用力がつかない。酵素反応の各段階を1つずつ個別の化学反応式と見て左辺と右辺を比べ、不足する原子とその数を割り出し、該当する反応物や生成物を記入する。この考え方だと、一般の「化学反応式の完成問題」と同様、「物質不滅の法則」に基づく理屈でかなり解ける。また酵素名も、5章で学んだ命名法に基づけば、各化学反応の性格からかなり理詰めで導くことができる。なお、一般社会でも国際的なコミュニケーション力が問われる時代であることから、この問題では英語の解答を求めてみた。

問 9.5 解答　次ページに掲載。アミ掛けの部分。高エネルギーリン酸化合物は、計6個消費される。

解説　解糖系で実質的に不可逆な3つの段階（①、③、⑩）を、糖新生では4つの酵素反応で逆行させる（親本 図9.7 → p.196）。ピルビン酸から1,3-ビスホスホグリセリン酸まで変換する間の⑩と⑦の段階で、ATP 2分子とGTP 1分子が分解される。グルコース（C_6）1分子の新生にはピルビン酸（C_3）2分子が必要なので、結局6分子のNTP（高エネルギーリン酸化合物）が消費される。

問 9.6 解答　(a) endo-：内の、中の。　(b) exo-：外の、端の。
　　　　　　　(c) iso-：同じ。　　　　(d) hexa-：「6」。

解説　欧文学術用語には長いものも多いが、接頭辞や接尾辞、語幹など構成部分の基本的な意味を知っておけば理解しやすい。"Iso" については、**本書 豆知識1（→ p.8）参照。**

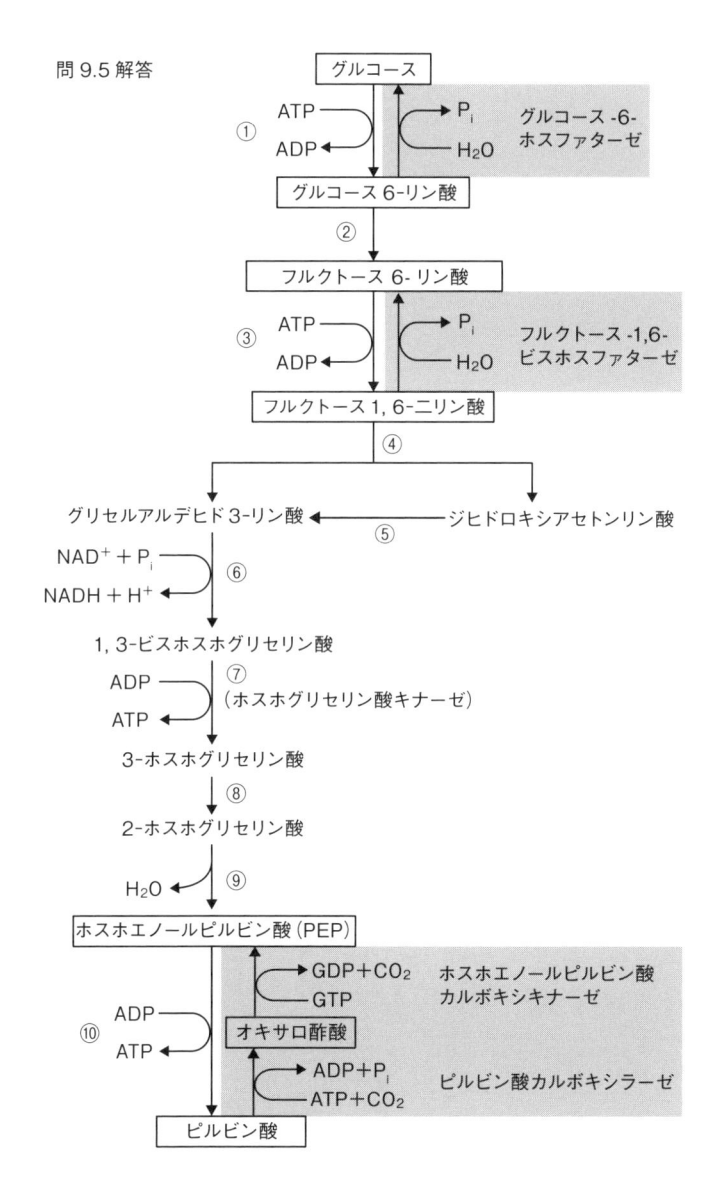

問 9.5 解答

```
                    グルコース
              ATP ┐  ↑   ┌ P_i      グルコース-6-
         ①        │  │   │          ホスファターゼ
              ADP ┘      └ H_2O
                    ↓
              グルコース 6-リン酸
                    ② ↕
              フルクトース 6-リン酸
              ATP ┐  ↑   ┌ P_i      フルクトース-1,6-
         ③        │  │   │          ビスホスファターゼ
              ADP ┘      └ H_2O
                    ↓
              フルクトース 1,6-二リン酸
                    ④ ↓
   グリセルアルデヒド 3-リン酸 ← ⑤ ← ジヒドロキシアセトンリン酸

NAD^+ + P_i ┐
            ├ ⑥
NADH + H^+ ┘
            ↓
   1,3-ビスホスホグリセリン酸
   ADP ┐  ⑦
       │  (ホスホグリセリン酸キナーゼ)
   ATP ┘
            ↓
   3-ホスホグリセリン酸
            ⑧ ↓
   2-ホスホグリセリン酸
   H_2O ← ⑨
            ↓
   ホスホエノールピルビン酸 (PEP)
                    ↑  ┌ GDP+CO_2   ホスホエノールピルビン酸
                       │             カルボキシキナーゼ
                       └ GTP
   ADP ┐          オキサロ酢酸
       │ ⑩          ↑  ┌ ADP+P_i
   ATP ┘              │              ピルビン酸カルボキシラーゼ
                       └ ATP+CO_2
            ↓
         ピルビン酸
```

問 9.7 解答　(a) <u>ガラクトース血症</u>→　アミノ酸代謝の疾患：メープルシロップ尿症、フェニルケトン尿症、アルカプトン尿症などから 2 つ。　総称：先天性代謝異常症。

(b) <u>脚気</u>→　ビタミン名：チアミン、あるいはビタミン B_1。　総称：ビタミン欠乏症。

(c) <u>糖尿病</u>→　「××シンドローム」の「××」：メタボリック。2 つの膵臓ホルモン：インスリン、グルカゴン。

解説　酵素の不調に関係した病気は、このように代謝異常症・ビタミン欠乏症・生活習慣病などにわたって幅広い。生活習慣など環境要因と、遺伝子欠損など遺伝要因とのバランスにもさまざまなものがある。

問 9.8 解答　① 肝臓　② グリコーゲン　③ 脂肪　④ 1　⑤ 30　⑥ lipid　⑦ 太っている　⑧ fat　⑨ グルコース

解説　代謝燃料としての糖質と脂質（詳しくは脂肪）を対比して理解しておくこと。親本 2.4 節（→ p.47）や表 10.1（→ p.225）、11.1.4 項（→ p.233）などを有機的に関連させて勉強する。

10
好気的代謝の中心

　ヒトが食物から獲得するエネルギーの大部分は、糖質や脂質を酸素で酸化する好気的代謝によっている。この好気的代謝の中心にクエン酸回路と酸化的リン酸化があり、前章の解糖系と次章の脂肪酸 β 酸化は、それらの「前座」（準備段階）にあたる。クエン酸回路が解糖系と同じく一連の水溶性酵素に担われているのに対し、酸化的リン酸化は膜酵素によって触媒されている。後者は呼吸鎖酵素群と ATP 合成酵素からなる。これらによるエネルギー変換のしくみも独特であり、格別の理解が必要である。

> **例題 10.1**
> 　発酵（解糖系）における ATP 合成（A）が基質レベルのリン酸化とよばれるのに対し、好気的代謝における ATP 合成（B）は酸化的リン酸化とよばれる。A と B の違いを下の観点から比較せよ。
> (a) 代謝系の細胞内局在。(b) ADP に付け加わるリン酸基の由来。(c) エネルギー共役のしくみ。(d) グルコース 1 分子の分解で生じる ATP の数。
>
> **解答**　(a) A：細胞質ゾル。B：ミトコンドリア。
> (b) A：1,3-ビスホスホグリセリン酸とホスホエノールピルビン酸（PEP）。B：無機リン酸（P_i）。
> (c) A：(b) の基質は 2 つとも高エネルギーリン酸化合物であり、リン酸基転移反応でそのまま ADP がリン酸化される。化学共役。
> B：呼吸鎖酵素による酸化還元の連鎖反応で NADH やコハク酸

がO₂によって間接的に酸化されるのに伴い、水素イオン（H⁺）がミトコンドリアのマトリクス側から膜間腔側に輸送される。これによって形成されるH⁺の電気化学ポテンシャル差を下るH⁺の流入に共役して、ATP合成酵素がADPをP_iでリン酸化する。化学浸透共役。

(d) A：2個。B：約30個。

解説 基質レベルのリン酸化は、基質どうしの化学反応でリン酸基が転移される、比較的単純なしくみである。これに対し酸化的リン酸化は、ミトコンドリアの内膜を隔てたH⁺の輸送という現象が介在する複雑な反応である。輸送の結果H⁺の勾配が維持される必要があるので、その生体膜は穴のない閉鎖状態でなければならない。このH⁺の勾配は、ADPとP_iの結合という吸エルゴン反応を駆動する力があるので、「プロトン駆動力」ともよばれる（親本6.3.4項→p.135）。したがって酸化的リン酸化のエネルギー中間体は、高エネルギーリン酸化合物など単なる化学物質（分子）ではなく、「閉じた膜」という高次な構造を必要とする。

例題 10.2
次の化学反応式は酵素反応をあらわしている。アミ掛けの中の字は酵素名である。丸かっこ（　）の空欄には最適な化合物名か酵素名を、かぎかっこ【　】の空欄には最適な化学式か構造式を答えよ。

(1) グルコース6-リン酸 →[グルコース6-リン酸（①　　）] （②　　）

(2) （③　　） →[（④　　）] （⑤　　） ＋ 【⑥　　】

(3) CH₂COOH
     |
     CH₂COOH   + FAD ──────→ [⑦   ] + 【⑧   】
                       コハク酸
     コハク酸   脱水素酵素   フマル酸

(4) COOH
     |
     C=O
     | + CH₃COSCoA + 【⑩   】 ──────→
     CH₂
     | (⑨   )   クエン酸
     COOH   (⑪   )
     オキサロ酢酸

                        CH₂COOH
                        |
                   HO―C―COOH   + CoASH
                        |
                        CH₂COOH
                          (⑫   )

(5) CH₃COCOOH + NAD⁺ + CoASH ──────→
                                         ピルビン酸
                                         (⑬   )

     【⑭   】 + 【⑮   】 + 【⑯   】
     アセチル CoA

解答 ①異性化酵素（isomerase）、②果糖6-リン酸（fructose 6-phosphate）、③ピルビン酸（pyruvic acid）、④ピルビン酸脱炭酸酵素（pyruvate decarboxylase）、⑤アセトアルデヒド（acetoaldehyde）、⑥ CO_2（二酸化炭素）、⑦次ページに掲載、⑧ $FADH_2$、⑨アセチル CoA（acetyl CoA）、⑩ H_2O（水）、⑪合成酵素（synthase）、⑫クエン酸（citric acid）、⑬脱水素酵素（dehydrogenase）、⑭ $CH_3COSCoA$、⑮ $NADH + H^+$、⑯ CO_2（二酸化炭素）

10. 好気的代謝の中心

⑦の答え

```
   H      COOH
    \    /
     C
     ‖
     C
    /    \
HOOC      H
```

解説 (1) と (2) は、前章で扱った解糖系のうちの 2 つの酵素反応であり (親本 図 9.2 → p.187)、(3) と (4) は、本章で扱うクエン酸回路のうちの 2 反応である (親本 図 10.3 → p.213)。(5) は、解糖系とクエン酸回路をつなぐ酵素反応だが、本章のクエン酸回路とともに扱う。

解糖系やクエン酸回路のような代謝経路は、一般に連続した多段階の酵素反応からなるが、1 つ 1 つの段階は化学反応式として書くことができる。そのため、その中に空欄があっても、右辺と左辺の元素数や基の数を比べることによって埋めることができる (**例題 5.2 の解説**参照)。

・・・・・・・・・演習問題・・・・・・・・・

問 10.1 酵母や大腸菌は、酸素 O_2 のある条件でもない条件でも生存し増殖することができる。これら 2 つの条件を何とよぶか、日本語と英語で答えよ。またこれらの生物は、それぞれの条件下ではどんな代謝をおこなうか。さらに、その代謝がおこなわれる際、グルコース 1 分子あたり合成される ATP 分子の数を書け。

	日本語	英語	代謝	ATP/glucose
O_2 のない条件	条件	condition		
O_2 のある条件	条件	condition		

演習問題

問 10.2 NAD は補酵素なので、解糖系で還元された NADH（問 9.1 を参照）はその後、再酸化されて NAD^+ にもどされ、再利用される必要がある。NADH の再酸化のしくみは、O_2 のある条件とない条件とでは異なる。それぞれどのような代謝経路で酸化されるか。それぞれの代謝経路について、(i) 名称と (ii) その細胞内局在（場所）、(iii) 反応のしくみを記述、説明せよ。

問 10.3 下の図はクエン酸回路（TCA 回路）の諸反応を示す。[a　] から [e　] の物質名を日本語で、[f　] から [n　] の物質を化学式あるいは略称で、それぞれ記せ。また (①　) から (⑤　) には英語を入れて、酵素名を完成させよ。

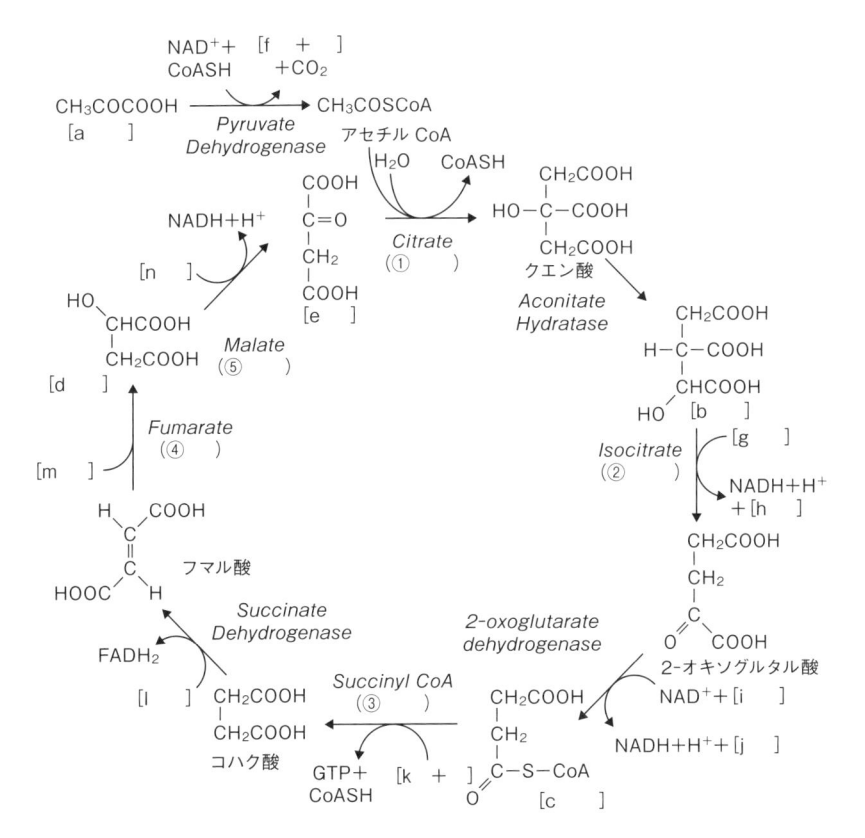

$CH_3COCOOH$ [a] →(Pyruvate Dehydrogenase, NAD^+ + [f] + CoASH → +CO_2) $CH_3COSCoA$ アセチル CoA

→ (H_2O, CoASH, Citrate ①)
COOH|C=O|CH_2|COOH [e]
→ NADH+H^+ [n]
HO-CHCOOH|CH_2COOH [d] Malate ⑤

クエン酸: CH_2COOH|HO-C-COOH|CH_2COOH

Aconitate Hydratase → CH_2COOH|H-C-COOH|CHCOOH-HO [b] [g]

Isocitrate ② → NADH+H^+ + [h]
CH_2COOH|CH_2|C(O)-COOH 2-オキソグルタル酸

2-oxoglutarate dehydrogenase (NAD^+ [i], NADH+H^+ + [j])
→ CH_2COOH|CH_2|C(O)-S-CoA [c]

Succinyl CoA ③ (GTP + [k] + CoASH)
→ CH_2COOH|CH_2COOH コハク酸

Succinate Dehydrogenase → $FADH_2$ [l]
→ H-COOH=C-HOOC-H フマル酸

Fumarate ④ [m]

10. 好気的代謝の中心

問 10.4 クエン酸回路の総和は次の反応式であらわすことができる。

$CH_3COCOOH + 4 NAD^+ + FAD + GDP + P_i + 2H_2O \rightarrow$
$\qquad\qquad 3CO_2 + 4NADH + 4H^+ + FADH_2 + GTP$

この反応はまた、次の4つの反応の総和と見ることもできる。各空欄に当てはまる数字や化学式を記入せよ。

(ア) $CH_3COCOOH + (①\quad) H_2O \rightarrow (②\quad) CO_2 + (③\quad) [H]$
(イ) $4 NAD^+ + (④\quad) [H] \rightarrow (⑤\qquad\quad)$
(ウ) $FAD + (⑥\quad) [H] \rightarrow (⑦\qquad\quad)$
(エ) $GDP + (⑧\quad) \rightarrow (⑨\qquad\quad)$

問 10.5 次のような代謝の全体をあらわす反応式を、それぞれ完成せよ。
(a) リノレイン酸 $C_{17}H_{29}COOH$ を完全酸化する代謝。
$\qquad C_{17}H_{29}COOH + (\quad)O_2 \quad\rightarrow\quad (\qquad)$
(b) マルトースを完全酸化する代謝。
$\qquad C_{12}H_{22}O_{11} + (\quad)O_2 \quad\rightarrow\quad (\qquad)$
(c) グルコースを基質として嫌気的におこなうアルコール発酵。
$\qquad C_6H_{12}O_6 \qquad\qquad\qquad \rightarrow\quad (\qquad)$

問 10.6 ミトコンドリアの呼吸鎖の複合体Ⅰ～Ⅳについて、それぞれ(a)酵素としての名称を答えよ。また(b)それらが触媒する酸化還元反応を、化学反応式として記せ。さらに、それぞれの(c)酸化剤、(d)還元剤、(e)電子供与体、(f)電子受容体が何か、答えよ。

問 10.7 グルコースの2位の炭素原子を放射性同位体 ^{14}C で標識した分子を「[2-^{14}C] グルコース」と表記する。この [2-^{14}C] グルコースを細胞に与えると、クエン酸回路の何巡目で $^{14}CO_2$ が現れるか。すべての放射能が CO_2

として放出されるのは何巡目か。また、[6-^{14}C] グルコースの場合も同様に答えよ。

◇◇◇◇◇◇◇演習問題の解答と解説◇◇◇◇◇◇◇

問 10.1 解答

	日本語	英語	代謝	ATP/glucose
O$_2$ のない条件	嫌気（無酸素）条件	anaerobic condition	発酵	2
O$_2$ のある条件	好気（有酸素）条件	aerobic condition	呼吸（好気呼吸、酸素呼吸）	約 30

解説 発酵と呼吸の対比は、親本 豆知識 9-1（→ p.190）、9.1.4 項（→ p.193）、表 10.1（→ p.225）を参照。酵母や大腸菌のように、酸素 O$_2$ のある条件でもない条件でも生存し増殖することができる生物を、通性嫌気性生物あるいは条件嫌気性生物という。

問 10.2 解答 O$_2$ のある条件：(i) 代謝経路名：呼吸。(ii) 細胞内局在：ミトコンドリアの内膜。(iii) 反応のしくみ；NADH は O$_2$ によって間接的に酸化される。この酸化還元反応のしくみは複雑で、呼吸鎖の 3 つの酵素複合体（NADH 脱水素酵素、キノール-シトクロム c 酸化還元酵素、シトクロム c 酸化酵素）による連鎖反応である。

O$_2$ のない条件：(i) 代謝経路名：発酵。(ii) 細胞内局在；細胞質ゾル。(iii) 反応のしくみ；乳酸発酵では、NADH はピルビン酸によって直接的に再酸化される。この酸化還元反応は乳酸脱水素酵素によって触媒され、ピルビン酸の方は還元されて乳酸になる。アルコール発酵では、ピルビン酸が脱炭酸されてできたアセトアルデヒドによって NADH が再酸化される。この酸化還元反応は、アルコール脱水素酵素によって触媒され、アセトアルデヒドの

方は還元されてエタノールになる。

解説 これらのうち呼吸では、還元型 NADH が酸化型 NAD^+ にもどされるのに伴って ATP が合成されエネルギーが獲得されるが、発酵では NAD^+ が再生されるだけでエネルギー獲得には寄与しない。

問 10.3 解答

a：ピルビン酸	b：イソクエン酸	c：スクシニル CoA	d：リンゴ酸
e：オキサロ酢酸	f：$NADH + H^+$	g：NAD^+	h：CO_2
i：CoASH	j：CO_2	k：$GDP + P_i$	l：FAD
m：H_2O	n：NAD^+	①：Synthase	②：Dehydrogenase
③：Synthetase	④：Hydratase	⑤：Dehydrogenase	

解説 代謝経路の穴埋め問題は、丸ごと暗記するのでは応用力がつかない。問 9.4 と同様に、酵素反応の各段階を 1 つずつ個別の化学反応式と見て左辺と右辺を比べ、不足する原子とその数を割り出し、該当する反応物や生成物を推定する。この考え方だと、一般の「化学反応式の完成問題」と同様、「物質不滅の法則」に基づく理屈でかなり解ける。また酵素名も、5 章で学んだ命名法に基づけば、各化学反応の性格からかなり理詰めで導くことができる。Synthase（①）と Synthetase（③）の違いは親本 5.2 節の⑥（→ p.97）を参照。その他、まぎらわしい酵素名の区別は表 5.2（→ p.91）を参照。

問 10.4 解答

（ア）$CH_3COCOOH + (^①\ 3)\ H_2O \rightarrow (^②\ 3)\ CO_2 + (^③\ 10)\ [H]$
（イ）$4\ NAD^+ + (^④\ 8)\ [H] \rightarrow (^⑤\ 4NADH + 4H^+)$
（ウ）$FAD + (^⑥\ 2)\ [H] \rightarrow (^⑦\ FADH_2)$
（エ）$GDP + (^⑧\ P_i) \rightarrow (^⑨\ GTP + H_2O)$

解説 前章で学んだ解糖系は、酵素反応の素段階として 10 段階に分割できる一方、機能的には次の 3 反応にも分割できた：（ア）C_6 化合物（六炭糖）1 分子の C_3 化合物（ピルビン酸）2 分子への分割、（イ）エネルギー通貨 ATP の再生、（ウ）還元型補酵素 NADH

の再生（親本 9.1.2 項 → p.189）。同様にクエン酸回路も、9段階の酵素反応素段階に分割できる一方、機能的には4つの反応にも分割できる：（ア）C_3 化合物（ピルビン酸）1分子の C_1 化合物 CO_2 3分子への分割、（イ）還元型補酵素 NADH の再生、（ウ）第2の還元型補酵素 $FADH_2$ の再生、（エ）高エネルギーリン酸化合物 GTP の再生（親本 10.2.2 項 → p.216）。

問 10.5 解答 (a) $C_{17}H_{29}COOH + (49/2) O_2 \rightarrow (18CO_2 + 15H_2O)$
(b) $C_{12}H_{22}O_{11} + (12) O_2 \rightarrow (12CO_2 + 11H_2O)$
(c) $C_6H_{12}O_6 \rightarrow (2CH_3CH_2OH + 2CO_2)$

解説 好気的代謝のメカニズムは複雑だが、呼吸基質の化学式がわかり、O_2 で完全酸化されると規定されれば、オーバーオール（全体）の反応式は簡単に求めることができる。一般の化学反応式と同様、各原子の数を左辺と右辺で等しくそろえればよい。

問題 (a) と (b) は、いずれも有機化合物を O_2 で完全酸化する反応だから、右辺に置く物質は CO_2 と H_2O である。次に、左辺の O_2 とともに3物質の係数を決めればよい。C と H の数からまず CO_2 と H_2O の係数が決まり、最後に O の数を合わせるよう O_2 の係数が決まる。このような一般的な解法を身につければ、初見の脂質や糖質にも容易に反応式を導くことができる。

問題 (c) は、アルコール発酵のイメージを思い浮かべて答える。酒類の醸造におけるアルコールとは、メタノールやプロパノールでなくエタノール（CH_3CH_2OH）だから、右辺の物質が1つ決まる。また発酵工程で発生する泡の正体が炭酸ガス（二酸化炭素）であることを考えれば、右辺には CO_2 も必要である。役者がそろった所で、まず左辺の $C_6H_{12}O_6$ と右辺の CH_3CH_2OH で H の数が等しくなるよう CH_3CH_2OH の係数を決める。次に C（か O）の総数が両辺でそろうよう CO_2 の係数を決めれば、残りの O（か C）の総数はおのずとそろう。

問 10.6 解答 複合体Ⅰ：(a) NADH 脱水素酵素。(b) NADH ＋ H$^+$ ＋ UQ$_{10}$ → NAD$^+$ ＋ UQ$_{10}$H$_2$。(c) と (f) UQ$_{10}$。(d) と (e) NADH。

複合体Ⅱ：(a) コハク酸脱水素酵素。(b) コハク酸＋ UQ$_{10}$ → フマル酸＋ UQ$_{10}$H$_2$。(c) と (f) UQ$_{10}$。(d) と (e) コハク酸。

複合体Ⅲ：(a) ユビキノール-シトクロム c 酸化還元酵素。(b) UQ$_{10}$H$_2$ ＋ 2シトクロム c (Fe^{3+}) → UQ$_{10}$ ＋ 2シトクロム c (Fe^{2+})。(c) と (f) シトクロム c (Fe^{3+})。(d) と (e) UQ$_{10}$H$_2$。

複合体Ⅳ：(a) シトクロム c 酸化酵素。(b) 4シトクロム c (Fe^{2+}) ＋ O$_2$ ＋ 4H$^+$ → 4シトクロム c (Fe^{3+}) ＋ 2H$_2$O。(c) と (f) O$_2$。(d) と (e) シトクロム c (Fe^{2+})。

解説 (a) 酵素名は親本 10.3 節（→ p.222）どおり。(b) も親本の記述から、基本的な部分は解答できる。ただし、NADH やユビキノールは1分子が2つの電子を受け渡す二電子酸化還元体であるのに対し、シトクロム c は一電子酸化還元体であることに注意し、還元剤（還元的な基質）が遊離する電子の数と酸化剤（酸化的な基質）が受け取る電子の数が等しくなるように、反応式の係数を決める。なお O$_2$ 分子は、4電子を受け取る酸化剤である。

複合体Ⅰの反応式では、NADH は通常 H$^+$ とセットで還元剤の役割を果たすことに注意。複合体Ⅳの反応式では、左辺と右辺の原子数を合わせるため、左辺に4つの H$^+$ が必要であることも忘れないように。シトクロム c では、受け渡す電子はヘムの中心の鉄原子に局在するので、酸化型には (Fe^{3+})、還元型には (Fe^{2+}) を、それぞれ名称に添え書きするとわかりやすい。

(c) 〜 (f)：電子供与体は還元剤と同じ意味であり、電子受容体は酸化剤と同義語であることは、化学における基礎知識である。

問 10.7 解答 [2-^{14}C] グルコース：2巡目に初めて現れる。すべて放出されるのも2巡目。

[6-^{14}C] グルコース：3巡目に初めて現れる。3巡目に放出されるのは半分。4巡目に放出されるのも残りの内のさらに半分で、以後1巡当り半減という速度で徐々に減衰する。

解説 [2-^{14}C] グルコースからは [2-^{14}C] ピルビン酸ができる。炭素原子の位置は、親本図 9.2（→ p.187）で追跡できる。クエン酸回路に入ると、2-オキソグルタル酸では 5 位に移行する（[5-^{14}C] 2-オキソグルタル酸）。コハク酸の段階で分子が左右対称になるため、1 位と 4 位のカルボキシ基がスクランブル（混合）する。そのため、加水反応で対称性のくずれた L-リンゴ酸でも放射能は 1 位と 4 位に半分ずつ分布する（[1,4-^{14}C] L-リンゴ酸）。これらの道筋は図 10.3 で追跡できる。2 巡目に入ると、それら 2 つのカルボキシ基はいずれも CO_2 となり、^{14}C はすべて放出される。

[6-^{14}C] グルコースについても同様に追跡すると、解糖系で [3-^{14}C] ピルビン酸、クエン酸回路の 1 巡目で [4-^{14}C] 2-オキソグルタル酸 → [2,3-^{14}C] L-リンゴ酸、2 巡目で [2,3-^{14}C] 2-オキソグルタル酸となり、ここでもまだ ^{14}C は CO_2 に移行しない。しかし左右対称のコハク酸になった段階で 4 つの炭素すべてに放射能が散らばるため、3 巡目では 2 つの炭素が CO_2 に移行し、放射能は半減する。以後サイクルごとにスクランブルと半減をくり返す。

豆知識 10 「模式図」の魅力と魔力

模式図には、事実を一目瞭然に示す魅力もあるが、単なる便宜的な描図を科学的真実かのように誤解させる魔力もある。酸化的リン酸化の複合体 IV では、O_2 や H_2O の位置がこの図のように描かれることが多い。ここから「O_2 や H_2O は内側（マトリクス側）から出入りする」と信じている人がある。しかし O_2 はもともと外から来る（親本 図10.1 → p.210）ことを考えれば、「いったん膜を通り過ぎて内側に入り、あらためて U ターンして『裏』から酵素に接近する」のは奇妙である。じっさい酵素分子の立体構造中で、O_2 が反応する活性中心は外側寄りに位置するし、O_2 の通路は内側からではなく膜面方向から通じている。H_2O 分子も外側寄りに同定されている。したがって O_2 や H_2O の位置は、親本 図 10.5（→ p.219）のように外側に描くのがふさわしい。

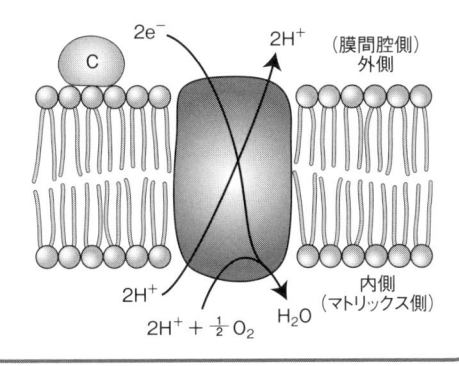

11 脂質の代謝

脂質は、糖質とともに主要な代謝燃料であり、計算問題もよく出される。これら2物質の代謝には共通点と相違点があるので、対比して理解するのが効率的である。脂質の主な構成要素である脂肪酸については、分解（β酸化系）と生合成とを、やはり対比的に理解したい。脂肪のように大量に処理される脂質が C_2 単位で代謝されるのに対し、ステロイドやテルペンのように希少な脂質は C_5 単位で合成されることにも着目し、さらに C_1 単位の代謝とも合わせて整理しよう。

例題 11.1

チョコレートの主成分はオクタデカン酸（octadecanoic acid）である。
(a) オクタデカン酸の化学式と慣用名を書け。また、分子量を計算せよ。
(b) この脂肪酸が β 酸化系で C_2 単位まで分解される際の反応式を書け。
(c) この脂肪酸 100 g が完全酸化されたときに ATP として得られるギブズエネルギーはいくらか。ATP 加水分解の ΔG を -50 kJ・mol^{-1} として計算せよ。

解答 (a) 化学式：$C_{17}H_{35}COOH$。慣用名：ステアリン酸。
分子量： $12 \times 18 + 16 \times 2 + 1 \times 36 = 284$。
(b) $C_{17}H_{35}COOH + 9CoA + ATP + 8FAD + 8NAD^+ + 8H_2O$
$\rightarrow 9CH_3CO\text{-}SCoA + AMP + PP_i + 8FADH_2 + 8NADH + 8H^+$
(c) ステアリン酸 1 分子が完全酸化される際に合成される ATP の

数は、
$$-2 + 10 \times 9 + 1.5 \times 8 + 2.5 \times 8 = 120$$
したがって、ステアリン酸 100 g あたりのギブズエネルギーは、
$$(\Delta G/100\,\text{g}) = (50\,\text{kJ}\cdot\text{mol}^{-1} \times 120) \times (100\,\text{g})/(284\,\text{g}\cdot\text{mol}^{-1})$$
$$= 2113\,\text{kJ}$$

解説 (a) オクタデカ（octadeca-）は「18」を意味する。C_{18^-}不飽和脂肪酸であるオクタデカン酸は、食品に含まれる代表的な脂肪酸として身近なため、ステアリン酸という慣用名もある。

(b) 親本の式 11.2（→ p.231）に例示したパルミチン酸（$C_{15}H_{31}COOH$）を参考にすると考えやすい。C_{18^-}不飽和脂肪酸は、β酸化系を8巡することで9個のC_2基（アセチル基）に分割される。1巡ごとにH_2Oが1分子消費され、$FADH_2$とNADH + H^+が1分子ずつ生成される（親本 図 11.3 → p.231）。最初の活性化の段階で、1分子のATPがAMPとPP_iに分解されることは、炭化水素鎖の長さによらず共通。PP_iは二リン酸$H_4P_2O_7$の略号で、正リン酸H_3PO_4が2分子脱水縮合した無機化合物。

(c) ATPの数の計算は、親本の表10.1（→ p.225）を参照。ATPがAMPとPP_iに分解されることは、ADPとP_iへの分解2分子分と計算することに注意（親本 11.1.2 項末尾→ p.232）。

例題 11.2

脂肪酸のβ酸化と生合成の2つの代謝系を、次の6つの観点から対比せよ。　(a) 同化か異化か、(b) 細胞内のどこでおこるか、(c) 酵素群の形態、(d) 脂肪酸残基の担体（キャリアー）、(e) 酸化剤／還元剤、(f) C_2供与体／C_2産物。

解答 (a) ～ (f) それぞれ、β酸化；生合成、の順で書く。
(a) 異化；同化、(b) ミトコンドリアのマトリクス；細胞質ゾル、(c) 個別の水溶性酵素；巨大な多機能複合体、(d) 補酵素 A（CoA）；

アシルキャリアータンパク質（ACP）に共有結合している補欠分子族パンテテイン、(e) NAD^+ と FAD が酸化剤；NADPH が還元剤、(f) アセチル CoA が C_2 産物；マロニル CoA が C_2 供与体。

解説 脂肪酸の分解と生合成は、いずれも炭化水素鎖を C_2 単位で短縮・延長する「らせん状」の代謝経路であるという意味では共通だが、細胞内局在も異なるし、酵素の種類や形状、アシル基の担体や酸化剤・還元剤など補因子・補欠分子族も異なる。親本 11.1.1 項（→ p.229）と 11.2 節（→ p.236）を対比しながら理解すること。単糖の分解と生合成の場合と事情がかなり違うことに注意。すなわち、解糖系（分解）と糖新生（生合成）では7割の酵素が共通であり、それらは単純に逆反応を触媒する（**問 9.5 参照**）。

(e) では2つの観点で解答する。1つは酸化剤と還元剤のうちどちらが必要かという選択、もう1つは具体的にどの補酵素かを答える。(f)；生合成では C_2 単位で鎖が伸びるが、直接的な供与体は C_3 のマロニル基であることに注意（親本 図 11.9 → p.241）。

・・・・・・・・・・・・**演習問題**・・・・・・・・・・・

問 11.1 脂肪酸の β 酸化系でくり返される4つの反応のうち3つは、酸化→加水→酸化の順でおこる。これと同様の3反応の組み合わせが他の代謝系にも見られる。それはどの代謝系のどの段階か。また、共通点と相違点も1つずつあげよ。

問 11.2 脂肪酸の1種であるヘキサン酸（hexanoic acid、カプロン酸 caproic acid）が β 酸化系で代謝されると ATP は何分子合成されるか。ヘキソースであるグルコースが解糖系で代謝される場合の ATP 数と比べよ。

問 11.3 パルミチン酸とグルコースが完全酸化される際のギブズエネルギー変化は、それぞれ 9781 kJ・mol^{-1} と 2850 kJ・mol^{-1} である。それらの反応から ATP として回収されるエネルギーは、それぞれ何％か。ATP のギブズエネルギー変化の値として、(a) $\Delta G°'$ の -30.5 kJ・mol^{-1} を用いた場合と、(b) 生理的 ΔG の -50 kJ・mol^{-1} を用いた場合について答えよ。

問 11.4 糖質がクエン酸回路に投入される経路は 2 つある：アセチル CoA として入る路とオキサロ酢酸として入る路である。
 (a) この 2 つの違いを説明せよ。
 (b) 脂肪酸はこのどちらの路で投入されるか。
 (c) 動物が脂肪酸をエネルギー源（代謝燃料）として利用するには、糖質も摂取する必要がある。なぜか。
 (d) 脂質から糖質を生合成することはできないはずなのに、^{14}C で標識した脂肪酸をマウスに与えると血糖やグリコーゲンに放射能が現れる。なぜか。

問 11.5 ステロイドホルモンや脂溶性ビタミンは、イソペンテニルピロリン酸をもとに C$_5$ 単位で組み立てられ、イソプレノイドと総称される。次の (a) 〜 (c) の化合物について、それぞれイソプレン単位ごとに曲線で囲め。

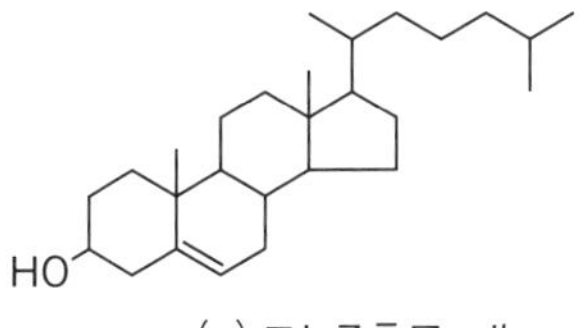

(a) コレステロール

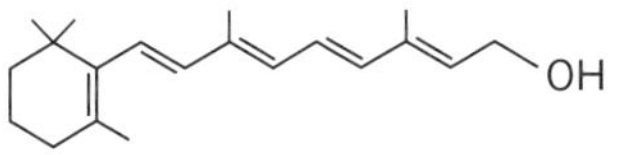

(b) レチノール（ビタミン A$_1$）

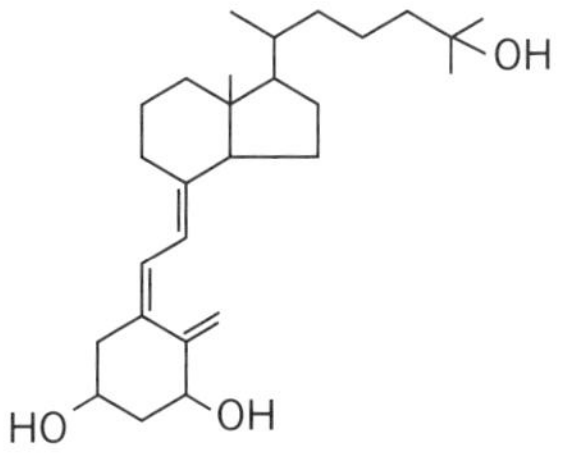

(c) 活性化ビタミン D$_3$

◇◇◇◇◇◇◇ 演習問題の解答と解説 ◇◇◇◇◇◇◇

問 11.1 解答 クエン酸回路（TCA 回路）の後半、コハク酸脱水素酵素→フマル酸加水酵素→リンゴ酸脱水素酵素の3段階。共通点は、C-C 単結合の酸化による C=C 二重結合形成→そこへの H_2O 付加によるヒドロキシ基形成→ヒドロキシメチレン基の酸化によるカルボニル基形成とたどる点。相違点は、クエン酸回路での酸化剤（電子受容体）が2段階とも NAD^+ であるのに対し、β 酸化系では2段階目だけ NAD^+ であり1段階目は FAD である点。

解説 β 酸化系（らせん状の代謝経路）親本図 11.3（p.231）①〜③の3反応が、クエン酸回路（回路状経路）の図 10.3（p.213）⑦〜⑨の3反応に対応する。

問 11.2 解答 まずヘキサン酸（$C_5H_{11}COOH$）を CoA で活性化する際に2分子の ATP が消費される。ヘキサノイック CoA は β 酸化系を2巡することによって3分子のアセチル CoA が生じる。1巡ごとに $FADH_2$ と $NADH+H^+$ が1つずつ生じる。$FADH_2$ と $NADH+H^+$ は呼吸鎖で再酸化される際にそれぞれ 1.5 分子と 2.5 分子の ATP が合成される。アセチル CoA はクエン酸回路と呼吸鎖を経る際に1分子あたり 10 分子の ATP を生じる。以上を合計すると、

ATP 数／ヘキサン酸 ＝ －2 + 1.5×2 + 2.5×2 + 10×3 ＝ 36

グルコースの代謝で生じる ATP の数は 32 なので、ヘキサン酸の方が約 12％増の ATP が生じる。

解説 脂肪酸の β 酸化による ATP 生産数の計算は、親本の表 10.1（p.225）にパルミチン酸（C_{16}）で例示している。炭素数が偶数の飽和脂肪酸は、これと同様の計算が成り立つ。同じ C_6 有機化合物でも、脂肪酸の方が糖より ATP 生成量が多い。これは、糖質より脂肪の方がもっと還元された状態の分子であるために、エネルギー貯蔵量も多いことに対応している。

問 11.3 解答 パルミチン酸とグルコースが完全酸化される際に得られる

ATP の数は、それぞれ 106 個と 32 個である。

(a) $\Delta G°'$ の -30.5 kJ・mol^{-1} を用いた場合：

パルミチン酸：（割合）＝ (30.5 kJ・mol^{-1} × 106) / 9781 kJ・mol^{-1} ＝ 0.331
　⇨　33.1%

グルコース：（割合）＝ (30.5 kJ・mol^{-1} × 32)/2850 kJ・mol^{-1} ＝ 0.342
　⇨　34.2%

(b) 生理的 ΔG の -50 kJ・mol^{-1} を用いた場合：

パルミチン酸：（割合）＝ (50 kJ・mol^{-1} × 106)/9781 kJ・mol^{-1} ＝ 0.542
　⇨　54%

グルコース：（割合）＝ (50 kJ・mol^{-1} × 32)/2850 kJ・mol^{-1} ＝ 0.561
　⇨　56%

解説　パルミチン酸とグルコースから得られる ATP 数の計算は、親本 表 10.1（p.225）参照。ATP の加水分解の $\Delta G°'$ と ΔG の値の意味は、**本書 例題 6.2 の解説**参照。

問 11.4 解答

(a) アセチル CoA（CH$_3$CO-SCoA）は、このアセチル基（C$_2$）が最終的に 2 分子の CO$_2$ に酸化され、代謝燃料として消費される。これに対しオキサロ酢酸は、クエン酸回路を回すため触媒的にはたらく中間体である。後者の路は補充経路である。

(b) 脂肪酸はもっぱら C$_2$ 単位に分解され、前者の経路で酸化される。

(c) 脂肪酸が分解されてできたアセチル CoA のアセチル基（C$_2$）がクエン酸回路に入るには、まずオキサロ酢酸（C$_4$ 化合物）に結合してクエン酸（C$_6$）になる必要がある。そのオキサロ酢酸は、(a) で述べたように脂肪酸からは合成されず、糖質から供給されるため。

(d) クエン酸回路の中間体である脂肪酸に由来するアセチル CoA のアセチル基の 2 つの C 原子は、クエン酸回路の 1 巡目では、CO$_2$ に移行するのではなくオキサロ酢酸の分子中に残存する。オキサロ酢酸はクエン酸回路の中間体であるだけでなく、ピルビン酸からグルコースを合成する糖新生の中間

体でもあり、このグルコースは重合されてグリコーゲンに取り込まれる。したがって脂肪酸は、グリコーゲン量のネットの増加には寄与できないにもかかわらず、その炭素原子がグリコーゲンに移行する道筋は存在する。

解説 (a) バーベキューにたとえれば、前者は燃料の木炭、後者は着火剤。
(b)(c) 脂肪酸は触媒的中間体にはなれない。
(d) 解糖系・クエン酸回路・補充経路・糖新生・β酸化系の5つの複雑な関係を理解するのによい問題である。アセチル基に由来する2つのC原子がクエン酸回路の中間体でどう移行するかは、**問 10.7** と親本の図 10.3 (p.213) を参照。

問 11.5 解答 それぞれ図の通り。

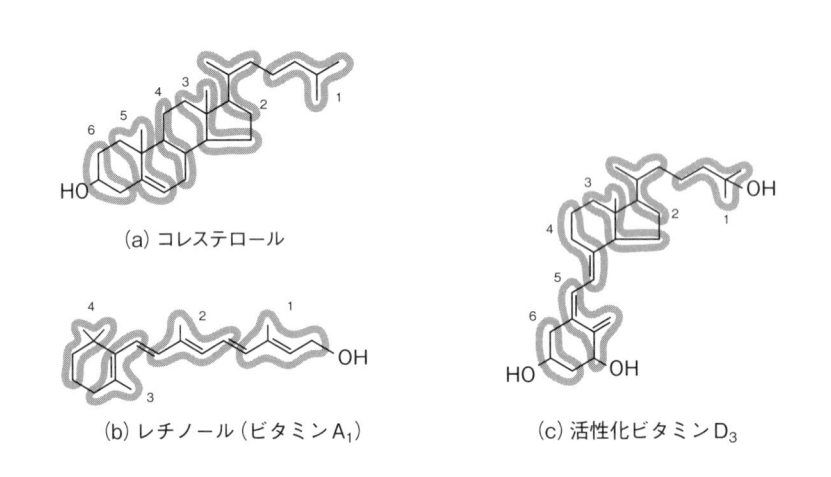

(a) コレステロール

(b) レチノール (ビタミン A₁)

(c) 活性化ビタミン D₃

解説 イソペンテニル基の枝分かれした構造式（親本図 11.12 中→ p.246）に当てはまりやすい部分構造を、端から順に囲んで行く。比較的単純な側鎖部分からイソプレン単位（C_5 単位）で区切ると、残る複雑な環構造部分もわかりやすくなる。(a) コレステロールと (c) 活性化ビタミン D_3 で 4 番が C_4、6 番が C_3 となるのはわかりにくいが、生合成の過程で一部の C が脱離する。

大部分の脂肪酸が偶数の C 原子をもつことにも現れているように、有

機化合物の多くはアセチル CoA をもとに C_2 単位で構成されている。しかし、この問題で例示したように、C_5 単位で構成されている脂質や脂溶性物質も多い。生物にとって C_1 単位の脱着はかえって不得意なようである。貴重な C_1 担体である葉酸がはたらく酵素は代謝系の鍵酵素（key enzyme、親本 7.1.1 項→ p.144）であり、葉酸の不足は疾病を招きやすい（親本 8.2.2 項→ p.172）。

> ### 豆知識 11　香り高きテルペン
>
> 　イソプレノイド（親本の豆知識 8-2 → p.177）は、四環構造のステロイド（親本 2.3 節→ p.45 参照）と、直鎖を主とするテルペン（terpene）に大別される。このうちテルペンは、イソプレン単位の数によって分類される。モノテルペン（C_{10}）は、メントールなどバラや柑橘類に含まれる香気成分で、その芳香により香水や菓子・医薬品などに利用される。植物アルコールのフィトールなどはジテルペン（C_{20}）、β カロテン（プロビタミン A）など橙色植物色素のカロテノイド（親本 8.3 節→ p.177）はテトラテルペン（C_{40}）である。イソプレンがさらに多数重合したものに天然ゴムがある。C_5 はヘミテルペン、C_{15} はセスキテルペンとよばれる。
>
> 　同じイソプレン単位から成りながら、より修飾度の高いものは、複合テルペノイドとよばれる（語尾 -oid は「類似物」の意）。脂溶性ビタミンすべて（A、D、E、K）・ユビキノン（補酵素 Q）・クロロフィル・ヘム・胆汁酸（胆嚢で生合成される消化液の主成分）などもこれである。このようにテルペンやテルペノイドは、香気や生理活性をもつ物質が多く、人類にとって重要な物質群である。

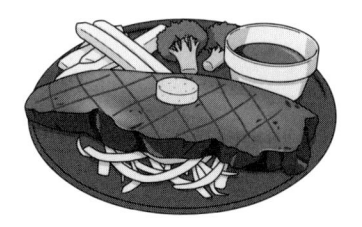

12 アミノ酸の代謝

アミノ酸の代謝は、生合成も分解も、炭素骨格（C が主）のゆくえとアミノ基（N が主）の処理とに分けて整理しよう。C 骨格は、中枢代謝（解糖系とクエン酸回路）の中間代謝物をもとに合成されるし、逆に分解されるとそれらの中間代謝物にもどされる。アンモニアのような N 化合物は毒性が強いので、アミノ基の処理には尿素回路という特別な「解毒系」が用意されている。

> **例題 12.1**
> グルコースからアラニンを合成する反応について、補酵素も含む完全な反応式を書け。

解答 グルコース＋2 グルタミン酸＋2ADP＋2P$_i$＋2NAD$^+$
→ 2アラニン＋2 2-オキソグルタル酸＋2ATP＋2H$_2$O＋2NADH＋2H$^+$

解説 (1) グルコース→ピルビン酸と、(2) ピルビン酸→アラニン、の 2 段階に分けて考える。(1) は解糖系そのものであり、10 段階の酵素反応の総和である（親本の式 9.1 → p.189）。(2) は 2-オキソ酸をアミノ化する 1 段階の反応である（親本 12.2 節→ p.258）：

　ピルビン酸＋グルタミン酸 → アラニン＋2-オキソグルタル酸
(2) を 2 倍して (1) と足し合わせると、求める反応式になる。

　(2) についてさらに補足する：標準アミノ酸の一部は、解糖系やクエン酸

回路の中間代謝物である 2-オキソ酸（α-ケト酸）へのアミノ基転移か還元的アミノ化という 1 段階の酵素反応で合成される。アラニン（C_3）もその 1 つであり、ピルビン酸（C_3）がグルタミン酸からアミノ基を受け取って作られる（親本 図 12.3 の左端の逆反応→ p.250）。

例題 12.2
20 種類の標準アミノ酸のうち、次のものをそれぞれすべてあげよ。
(a) 糖原性だがケト原性ではない必須アミノ酸
(b) ケト原性の非必須アミノ酸

解答　(a) His、Met、Val。(b) Tyr

解説　必須アミノ酸 9 種類とそれ以外の 11 種類を区別しておく（親本豆知識 3-2 → p.57）。また (1) ケト原性でかつ糖原性のアミノ酸 5 種類、(2) それ以外のケト原性アミノ酸 2 種類、(3) (1) 以外の糖原性アミノ酸 13 種類の 3 区分も把握しておくこと（親本 図 12.5 → p.255）。

(b) ケト原性アミノ酸（(1) + (2) の計 7 種）の大部分は必須アミノ酸だが、必須アミノ酸の Phe から合成できる Tyr のみは非必須アミノ酸。

・・・・・・・・・・・演習問題・・・・・・・・・・・

問 12.1　20 種類の標準アミノ酸の一部は、中枢代謝の中間代謝物をもとに 1 段階の反応で生合成される。それらのアミノ酸はまた、異化においても 1 段階の反応で同じ中間代謝物に分解される。

(a) 該当するアミノ酸をすべてあげよ。

(b) それぞれのアミノ酸に対応する中間代謝物の構造式と名称を記せ。また、それら中間代謝物は、それぞれどの代謝系に登場するか。

(c) (a) と (b) の相互変換はどのような反応か。

12. アミノ酸の代謝

問 12.2 アミノ酸代謝ではたらくグルタミン酸脱水素酵素は、補酵素として NAD と NADP を区別せずいずれも利用する。
(a) この酵素反応の反応式を書け。
(b) 一般の代謝では、NAD と NADP は厳密に区別され使い分けられる。それぞれどのような代謝系で使われるか、実例をあげよ。

問 12.3 窒素を主にどのような窒素化合物として排出するかは、動物の種類ごとで異なる。動物群を3つあげ、それぞれ主に排出される窒素化合物を示せ。

問 12.4 雑草を駆除するための除草剤には、芳香族アミノ酸や分枝鎖アミノ酸の生合成を阻害する薬物を主成分とするものが多い。
(a) 芳香族アミノ酸、分枝鎖アミノ酸とは何か。それぞれ具体的にあげよ。
(b) これらの除草剤が、ヒトを含む動物には毒性を示さない理由を説明せよ。

問 12.5 代謝系の酵素には、生体の需要に応じて遺伝子が調節され、量が増減するものがある。尿素回路の酵素は、ぜいたくな食事（高タンパク食）の場合も、逆に飢餓状態の場合も増加する。一見 矛盾するこの現象を説明せよ。

問 12.6 絶食すると、窒素の排出レベルが次のような経過で変化する。各段階での代謝の状況を説明せよ。
(a) 開始後1～2日間は通常レベル。　(b) 2～3日後から高レベルに亢進。
(c) 2～3週間後から低いレベルに落ちる。　(d) 長期間後、ふたたび高レベル。

問 12.7 ある種のアミノ酸やその誘導体は、中枢神経系で興奮性あるいは抑制性の神経伝達物質としてはたらく。

(a) 中枢神経系で興奮性神経伝達物質としてはたらくアミノ酸とアミノ酸誘導体を、それぞれ 1 つずつあげよ。

(b) 同様に、抑制性神経伝達物質としてはたらくアミノ酸とアミノ酸誘導体を 1 つずつあげよ。

(c) (a) と (b) のアミノ酸誘導体は、どのアミノ酸からどういう反応で生成されるか。それぞれ化学反応式で示せ。

◇◇◇◇◇◇◇ 演習問題の解答と解説 ◇◇◇◇◇◇◇

問 12.1 解答 (a) Ala、Asp、Glu。

(b) Ala：ピルビン酸。解糖系。10 段階の酵素反応の最終産物。

Asp：オキサロ酢酸。クエン酸回路の最終段階、リンゴ酸脱水素酵素反応の生成物。

Glu：2-オキソグルタル酸。クエン酸回路の中間、イソクエン酸脱水素酵素反応の生成物。

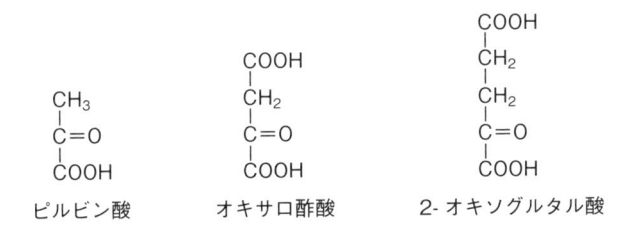

$$\begin{array}{c} CH_3 \\ | \\ C=O \\ | \\ COOH \end{array} \qquad \begin{array}{c} COOH \\ | \\ CH_2 \\ | \\ C=O \\ | \\ COOH \end{array} \qquad \begin{array}{c} COOH \\ | \\ CH_2 \\ | \\ CH_2 \\ | \\ C=O \\ | \\ COOH \end{array}$$

ピルビン酸　　　オキサロ酢酸　　　2-オキソグルタル酸

(c) アミノ基転移。あるいは酸化的脱アミノとその逆反応の還元的アミノ化。

解説 アミノ酸の分解は、まず炭素骨格とアミノ基に分けてから、それぞれ別個に進行する（親本 12.1.1 項 → p.249）。(a) で解答した 3 つのアミノ酸では、その炭素骨格がそのまま解糖系やクエン酸回路の中間代謝物（2-オキソ酸）である。

炭素骨格から外されたアミノ基を受容するのは、一般に 2-オキソグルタル酸であり、これはグルタミン酸に変わる（親本 図 12.3 → p.250）。グルタミン酸からはさらにオキサロ酢酸に移され、あるいは酸化的脱アミノでアンモニウムイオンとなり、ともに尿素回路に入る。逆にアミノ酸を合成する際は、グルタミン酸がアミノ基供与体となる。グルタミン酸自体の生合成は、オキサロ酢酸の還元的アミノ化による（親本 12.2 節→ p.258）。

問 12.2 解答 (a) グルタミン酸 + $NAD(P)^+$ + H_2O
　　　　　→ 2-オキソグルタル酸 + NH_4^+ + $NAD(P)H$ + H^+
(b) 一般に、解糖系やクエン酸回路・脂肪酸 β 酸化系など異化の系では NAD が使われ、糖新生や脂肪酸・イソプレノイド生合成など同化の系では NADP が使われる。それら異化系で生じた NADH は、呼吸鎖で利用され ATP の合成を駆動する。一方 同化系に必要な NADPH は、解糖系の別経路であるペントースリン酸経路で合成され供給される。

解説 12 章までに多くの代謝系を学んだ。それらの相互関係を総合的に把握するのにも、NAD と NADP の使い分けの理解が役立つ（親本 8.2.1 項 → p.167）。なお、ヒトの代謝に焦点を絞った親本では、植物の代謝は扱わなかったが、光合成（炭酸同化）でも NADPH が使われる。

問 12.3 解答 (a) 魚類、水生爬虫類。アンモニア、NH_3。(b) 哺乳類。尿素。(c) 鳥類、陸生爬虫類。尿酸。

解説 親本の豆知識 12-1（→ p.251）参照。(a) アンモニアは毒性が強いという大きな難点があるが、最も単純な窒素化合物であり、アミノ酸やヌクレオチドをはじめとする有機窒素化合物の炭素骨格から脱アミノ反応で遊離された窒素はまずこの化合物になる。アンモニアは非常に水に溶けやすく、魚類など水生動物では排泄したとたん周囲の大量の水で希釈されるので、毒性があまり問題にならない。(b) 尿素も水に溶けやすいが、毒性はかなり低い。尿素の生合成には大量のエネルギーを消費する（親本 12.1.2 項 → p.251）ため、この変換は生物に代謝面の負荷をかけるが、水の乏しい陸

上に進出した哺乳類など動物においては、代謝エネルギーを投入してでも無毒化する必要がある。(c) 殻で閉鎖され水分の乏しい卵の中で胚発生の段階を過ごす鳥類や陸生爬虫類にとって、弱いとはいえ毒性のある尿素はやはり不都合である。水に溶けないためコンパクトな固形状態にとどまる尿酸が、これらの生物には最適の窒素排泄物である。

問 12.4 解答　(a) 芳香族アミノ酸：Phe、Tyr、Trp の 3 つ。
　　　　　　分枝鎖アミノ酸：Val、Leu、Ile の 3 つ。
(b) このうち Phe、Trp、Val、Leu、Ile の 5 つは必須アミノ酸である。すなわちヒトなどの動物はこれらのアミノ酸の生合成系をもたず、食物から摂取する。したがって生合成系を阻害する物質からは直接的な影響を受けない。6 つ目の Tyr は必須アミノ酸ではないが、Phe から 1 段階でつくられるので、正常な食事をしていればやはり支障はない。

　解説　(a) 20 種類の標準アミノ酸から選ぶ（親本 図 3.3 → p.56 と表 3.1 → p.58 参照）。分枝鎖アミノ酸は BCAA と略称される。
(b) 必須アミノ酸は「合成できない」というと否定的な響きがあるが、「作らなくてすむ」という肯定的な意味合いも含むことに注意（親本 図 12.7 → p.260 参照）。しかし直接的な毒性はなくても、植物を基盤とする生態系への影響から間接的・集団的に悪影響を及ぼす危険性は検討しておく必要がある。また一般に、薬品は目的の標的以外にも作用する場合があるので、特異性の高さや個人差・体調差の影響なども吟味しておく必要がある。

問 12.5 解答　高タンパク食では、アミノ酸をエネルギー源として使う。アミノ酸の炭素骨格を、代謝燃料として分解したり糖新生を経て貯蔵したりする際は、並行して窒素（アミノ基）を尿素として排出するため、尿素回路の代謝流量も増える。一方 飢餓時には、主に筋肉のタンパク質を分解して代謝燃料に使う。こちらでもやはりアミノ基を処理するため、尿素回路を促進する結果になる。

　解説　酵素量調節の一般論については、親本 7.3.1 項（→ p.151）参照。

タンパク質の豊富な食事は、豪華で好ましいように見えても、必ずしも理想的な栄養摂取ではない場合もあることに注意。

問 12.6 解答　(a) グリコーゲンが動員され、血糖値を維持する。
(b) グリコーゲンが枯渇すると、筋肉タンパク質を分解し、アミノ酸の炭素骨格をもとに糖新生でグルコースを供給する。アミノ酸の脱アミノで生じた尿素の排出が亢進する。
(c) 脂肪酸の異化によって生じるケトン体を利用できるよう脳が適応する。すなわち代謝燃料としてもっぱら脂肪が利用されるので、タンパク質の分解は抑えられる。
(d) グリコーゲンのみならず脂肪まで枯渇すると、タンパク質が唯一のエネルギー源となり、ふたたび (b) と同様に窒素の排出レベルが高まる。

　解説　血糖値をどう維持するかが最大のポイント（親本 1.1.3 項→ p.13）。ヒトの器官の多くは代謝燃料として糖質でも脂質でも利用できるが、脳だけは脂質を利用できない。たとえ安静時でも脳は多くのエネルギーを要求するので、それをどう調達するかが、全体的な代謝バランスの鍵になる。ヒトのからだにグリコーゲンは約 1 日分の蓄えしかないが、脂肪はその数十倍ある（親本 2.4 節→ p.46）。ケトン体（親本 11.1.4 項→ p.233）や筋肉タンパク質の動員（親本 12.1.1 項→ p.249 ＋ 12.1.4 項→ p.256）の意味を含め、代謝系を総合的に理解しておこう。

問 12.7 解答　(a) アミノ酸：Glu。　アミノ酸誘導体：ドーパミン。
(b) アミノ酸：Gly。　アミノ酸誘導体：γ-アミノ酪酸（GABA）。
(c) 次ページに掲載。

　解説　GABA は Glu から 1 段階の脱炭酸反応で生じ、ドーパミンは Tyr からモノオキシゲナーゼ反応と脱炭酸反応で生じる。ほかにも、神経伝達物質やホルモンなどの生理活性アミンは、アミノ酸の脱炭酸単独あるいは他の反応との組合せで生じるものが多い（親本 図 12.8 → p.261）。

問 12.7 (c) の答え

(a):

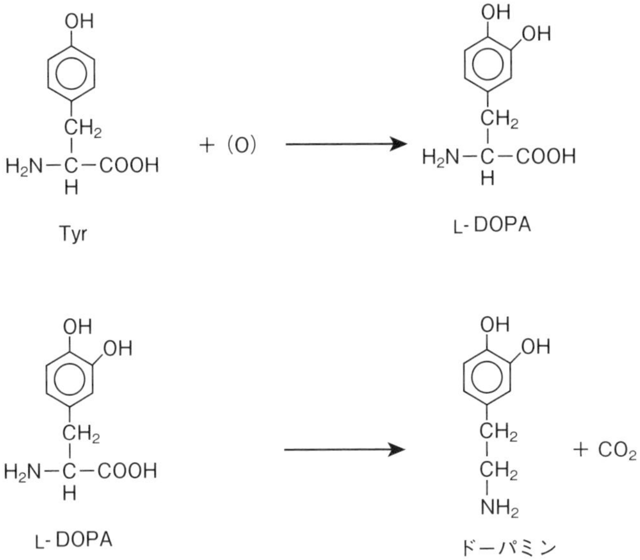

Tyr + (O) ⟶ L-DOPA

L-DOPA ⟶ ドーパミン + CO_2

(b):

Glu ⟶ GABA + CO_2

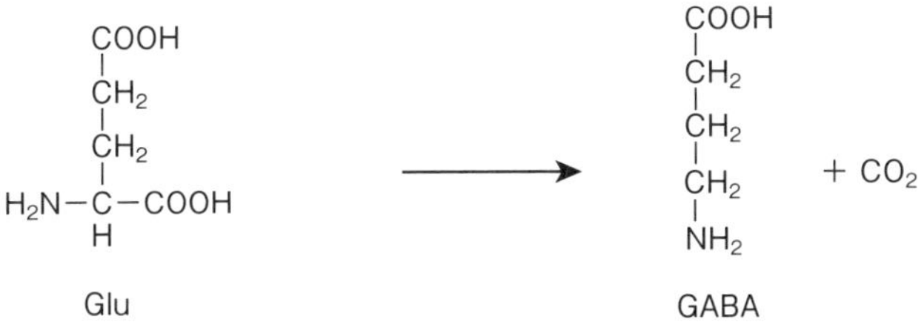

13

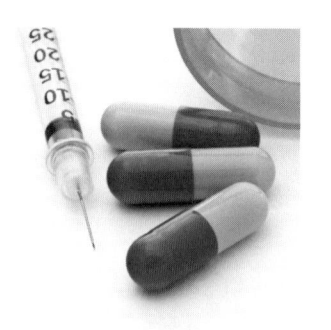

ヌクレオチドの代謝

　ヌクレオチドはアミノ酸と並ぶ窒素含有生体物質である。代謝でも共通な面があるので、合わせて理解したい。ヌクレオチドは重合すると（核酸として）遺伝情報を格納・伝達したり発現したりする役割をもつとともに、単独（単量体）でもエネルギー担体やその他の補助因子として幅広い機能を担っている。ヌクレオチドの代謝は、ヒトの健康にも、またヒトを脅かす病原菌にも関わるので、医学や薬学の面でもとくに重要である。

> **例題 13.1**
> 　グルタミン類似体（アナログ）のアザセリンは、グルタミンを利用する酵素を阻害する。この薬品を投与すると、ヌクレオチド合成系で蓄積する中間代謝物は何か。

解答　5-ホスホリボシル 1α-二リン酸（PRPP）

　解説　グルタミンはプリンヌクレオチドの合成において、3位と9位のNを供給する（親本 図 13.4(b) → p.267、位置番号は表 4.1 → p.76 参照）。このうち9位は、ヌクレオチドの新生合成経路の土台である PRPP に直接結合する位置であり、プリン環を組み上げる最初の「部品」の位置である。グルタミン類似体は、その初発酵素であるアミドホスホリボシルトランスフェラーゼを阻害する。したがって蓄積するのは PRPP。
　親本 図 13.4(a)（→ p.267）にあるように、この酵素は代謝系の活性調節

の標的としても重要な鍵酵素である。アザセリンも、実用的な抗生物質の1つである。PRPPは、ヌクレオチド合成で最重要な中間体なので、しばしば登場する。

例題 13.2

次の英単語をできるだけ細かい部分ごとに分解し、それぞれの意味と語全体としての意味とを、例にならって書け。

　例）**biomacromolecule**；　bio-：生物の、生体の。macro-：大きな、巨大な。molecule：分子。　**全体**：生体高分子。タンパク質や核酸、多糖類などのこと。

(a) dehydrogenase
(b) aminotransferase
(c) hyperammonemia
(d) allopurinol

解答　(a) dehydrogenase；　de：はずす、脱。hydrogen：水素。ase：酵素を示す語尾。　全体：脱水素酵素。

(b) aminotransferase；　amino：アミノ基、-NH$_2$。transfer：転移する、移す。ase：酵素を示す語尾。　全体：アミノ基転移酵素。

(c) hyperammonemia；　hyper：高い。ammon：アンモニア。emia：血症を示す語尾。　全体：高アンモニア血症。

(d) allopurinol；　allo：異なる。purin：プリン（核酸の塩基）。ol：アルコールあるいはフェノールの語尾。　全体：痛風治療薬の1つ。プリン類似体で、キサンチン酸化酵素の拮抗阻害薬。

解説　(c) に関連して窒素排泄の重要性を、(d) に関連して窒素代謝に関わる疾患と治療を、それぞれまとめておくこと。一般に、酵素・病気・医薬品などの学術用語には長いカタカナ名のものが多いが、もとの英語（欧語）にさかのぼって、部分ごとの意味を知っておけば納得しやすい。

演習問題

問 13.1 次の条件に合う高エネルギーリン酸化合物を1つずつあげよ。
(a) 代謝のみならず、運動や輸送も含む幅広い細胞過程で「エネルギー通貨」としてはたらくヌクレオチド
(b) ガラクトース分解やグリコーゲン合成など、糖代謝ではたらくヌクレオチド
(c) 脂質代謝ではたらくヌクレオチド
(d) タンパク質合成にはたらくヌクレオチド
(e) 解糖系の中間代謝物として登場する非ヌクレオチド

問 13.2 食物として摂取されたリボヌクレオチドをもとにDNAが生合成される際、(1) まず塩基部分がリボース部分から分離された上で別のデオキシリボースにつなぎ直されるのか、(2) リボヌクレオチド構造が保たれたまま2′位が還元されるのかを、放射性同位体 ^{14}C を用いた実験で調べたい。どのように判定すればよいか。

問 13.3 代謝などに関する次の文章の空欄に最適の語句や元素記号、化学式、数字などを、次ページの解答欄に記入せよ。ただし角かっこ [　　] の空欄には英語を埋めよ。

　生体物質のうち（①　　）や（②　　）は、それらを構成する主な元素が（③　　）、（④　　）、（⑤　　）の3つである。それに対し、（⑥　　）の構成単位（単量体）であるアミノ酸（英語では [⑦　　]）や、（⑧　　）の構成単位であるヌクレオチド（英語では [⑨　　]）は、元素としてそれら3つの他にNも含む窒素化合物である。したがってアミノ酸などの分解では、まずNを含む（⑩　　）基と炭素骨格とが分離される。そのうち炭素骨格の方は、(1)（　　）や(2)（　　）と共通に（⑪　　）

系や（⑫　　）回路という代謝経路で処理される。一方（⑩　　）基の方は、無機物の（⑬　　）に変化したり、転移反応によってアミノ酸の1つ（⑭　　）として集められる。（⑬　　）と（⑭　　）は（⑮　　）回路という代謝経路によって（⑮　　）という物質に変換される。（⑮　　）分子は、炭素原子Cを（⑯　　）個しかもたない小さな有機分子だが、窒素原子Nを（⑰　　）個も含むので、Nを効率的に排出できる。哺乳類が主にこの（⑮　　）としてNを排出するのに対し、（⑱　　）類などは（⑬　　）として排出する。一方（⑲　　）類や（⑳　　）類などは狭い卵の中で発生するので、水に溶けない（㉑　　）の形でNを排出する。

　酵素の遺伝子が欠損しているために代謝が滞る病気を一般に（㉒　　）とよぶ。アミノ酸代謝遺伝子の欠損による（㉒　　）には、（㉓　　）尿症や（㉔　　）尿症などがある。俗に「ぜいたく病」とよばれる（㉕　　）は、ヌクレオチド代謝の異常による病気である。ヌクレオチドの塩基には、チミンなどの（㉖　　）類とアデニンなどの（㉗　　）類とがあるが、（㉕　　）はこのうち（㉗　　）体が分解してできる（㉑　　）が異常に増える高尿酸血症（英語では [㉘　　]）が基盤となっている。（㉕　　）の治療薬として、（㉑　　）の合成にはたらくキサンチンオキシダーゼの拮抗阻害剤である（㉙　　）が用いられる。この英語名 [㉚　　] を「接頭辞-語幹-接尾辞」に分解すると、「異なる-（㉗　　）-フェノール化合物」の意味になる。

◇◇◇◇◇◇◇演習問題の解答と解説◇◇◇◇◇◇◇

問 13.1 解答　(a) ATP　(b) UTP　(c) CTP　(d) GTP
(e) 1,3-ビスホスホグリセリン酸、あるいはホスホエノールピルビン酸。
　解説　「エネルギー通貨」として最も幅広くはたらき、それだけに有名な物質はATPである。しかしそれ以外のヌクレオチド、とくにNTP（ヌクレオチド三リン酸）も、より限定された範囲ながら、それぞれの代謝経路で

はたらく。糖代謝に出てくる UTP や脂質代謝に登場する CTP は、基質となる糖分子や脂質分子と直接 共有結合するエネルギー運搬体としてはたらく。それに対し、タンパク質合成すなわち遺伝情報の翻訳過程（親本 4.3.2 項→ p.81）ではたらく GTP は、直接アミノ酸と反応するのではなく、開始因子や延長因子などに非共有結合してそれらを活性化する「スイッチング」分子としての機能を果たす。なお、ATP 合成のうち酸化的リン酸化や光リン酸化では、ADP 分子が無機リン酸 P_i と直接結合される（親本 10.3 節→ p.218）が、解糖系などの基質レベルのリン酸化では、ATP より ΔG（加水分解の ΔG）の大きな、ヌクレオチドではない有機リン酸化合物からリン酸基が ADP に転移される（親本 図 9.2 の⑦と⑩→ p.187）。

問 13.2 解答 塩基部分とリボース部分がともに ^{14}C で標識されたリボヌクレオチドを餌に混ぜて実験動物に与える。消化・吸収後その動物の組織から DNA を抽出し、塩基部分とリボース部分に分解して放射化の程度を測定する。もし両部分の放射化の比率が、食餌として与えたリボヌクレオチドと同じだったら、(2) だと判定できる。もしその比率がもとのリボヌクレオチドからずれていたら、両部分が組織内の別々のプールで異なる程度に希釈されたと解釈でき、(1) だと判定できる。

　解説　生体内の塩基のプールと糖質のプールは別なので、ヌクレオチドの塩基部分と糖部分がいったん切り離された上で再結合される。このため、餌由来の放射性炭素（^{14}C）が生体の非放射性炭素（^{12}C）で希釈される割合は、両部分の間で異なると期待される。なお、自然食品のうちでは酵母にリボヌクレオチド（RNA）が多く含まれ、ビール酵母の菌体は栄養食品として市販されている。

問 13.3 解答　①,② 糖質、脂肪で順不同。③,④,⑤ C, O, H の 3 つで順不同。⑥ タンパク質　⑦ amino acid　⑧ 核酸　⑨ nucleic acid　⑩ アミノ　⑪ 解糖　⑫ クエン酸　⑬ アンモニア　⑭ アスパラギン酸　⑮ 尿素　⑯ 1　⑰ 2　⑱ 魚　⑲,⑳ 鳥、陸生爬虫で順不同。㉑ 尿酸　㉒ 先天性代謝異常

症 ㉓, ㉔ メープルシロップ、アルカプトン、フェニルケトンなどから2つ順不同。㉕ 痛風　㉖ ピリミジン　㉗ プリン　㉘ hyperuricacidemia　㉙ アロプリノール　㉚ allopurinol

解説　②は脂質でもよいが、元素組成を考えれば脂肪に絞る方がふさわしい。⑭は Glu でもよいが、「⑬アンモニアとともに尿素回路に入る」という記述からは Asp がよりふさわしい。例題 13.2 に既出のアロプリノール（㉚）と同様、㉘の hyperuricacidemia も hyper + uric + acid + emia（高い＋尿＋酸＋血症）と分解できる。

豆知識 13　人体の回転分子モーターは「燃費」がよい

　細胞のエネルギー通貨である ATP の大部分は、F_oF_1-ATP 合成酵素が生成する（親本 10.3 節 → p.218）。この酵素は、分子内の固定台と回転子の間の回転運動にともなって ATP を合成する分子モーターである（親本 図 10.7 → p.224）。固定台は、膜貫通性 F_o 部分にある a- サブユニットや、表在性 F_1 部分にあり酵素の活性中心 3 個を含む $α_3β_3$ サブユニット（ヘテロ六量体）などからなる。他方の回転子は、F_o 部分の c- サブユニット（ホモ八量体）や両部分を貫く γ- サブユニットなどからなる。回転子が 1 回転する（360° 回る）間に、H^+ イオンは c- サブユニットを 1 つずつ流れ、ATP は活性中心で 1 つずつ合成されるので、H^+/ATP 比は 8/3 と考えられる。

　精密な分子構造を解いた最近の研究で、この c- サブユニットの数は生物種によって異なることが明らかになった。植物の葉緑体や細菌も含めると、8 個から 16 個まで見つかっており、その中でヒトを含む動物のミトコンドリアは最小である。H^+/ATP 比とは「ATP を 1 分子作るために消耗する H^+ 駆動力」なので、値が小さいほどエネルギー効率が良い。動物は生物界で最も「燃費」のよい分子モーターを備えていることになる。

　ATP/ADP 交換輸送にも H^+ 1 個の流入が必要なこと（親本 p.224）を考慮すると、NADH とコハク酸の P/O 比はそれぞれ $10/(8/3 + 1) = 2.73$ と $6/(8/3 + 1) = 1.64$ と計算される。これは、報告されている実験値 2.5 と 1.5 に近いながらもやや大きい。この新しい数値を使って、グルコースやパルミチン酸 1 分子当りの ATP 合成量（親本 表 10.1 → p.225）を計算し直すと、それぞれ 34.6 個と 115.2 個に増える。

第 3 部　代謝編

14 総合問題
－代謝系の相互関係－

第3部の仕上げとして、9章から13章まで学んだ個別の代謝系をまとめて理解するための問題を解いてみよう。

・・・・・・・・・・・・演習問題・・・・・・・・・・・・

問 14.1 次のような代謝経路をそれぞれ何とよぶか。またそれぞれの代謝経路に関する問いにも答えよ。

1) 解糖系（glycolysis）の別経路で、リボースとNADPHを生成する：
   (a) リボースとNADPHは、それぞれどういう生体物質の合成に使われるか。
   (b) この経路はヒトのどの臓器で活性が高いか、臓器名を2つ答えよ。
2) 大まかにいうと解糖系の逆方向（糖の合成方向）の経路：
   (a) この代謝経路の形状
   (b) 解糖系は何段階の酵素反応からなるか。またそのうち、単純な逆反応が進行せず、別酵素で迂回するのは何段階か。
3) 哺乳類などにおいて余分の窒素Nを処理し排出するための経路：
   (a) この代謝経路の形状
   (b) この経路は細胞内の2つの区画にまたがって局在する。どことどこか。
   (c) この経路で合成され排出される窒素化合物の名称と化学式を書け。
4) 脂肪酸を酸化的に分解する経路：
   (a) この代謝経路の形状

(b) この経路は細胞内のどこに局在するか。
(c) 脂肪酸の炭素 C はどういう化合物に分解されるか。また、その化合物がさらに CO_2 にまで分解される経路は何か。
(d) 脂肪酸から抜き取られた還元力はどういう補酵素に集められるか。一方、脂肪酸を合成するときに必要な還元力を供給する補酵素は何か。

問 14.2 下の図は、細胞のおもな代謝経路をまとめた模式図である。ヒントをもとに①から⑮の空欄に、それぞれ最適な語句を埋めよ。空欄のうち、楕円には物質名か化学式を、四角には代謝経路名を、丸かっこには細胞内の場所の名を、それぞれ答えよ。また、⑯から⑳には、分解酵素の名称を英語で答えよ。

ヒント
④ 中性脂肪をはじめとする水に溶けにくい有機化合物の総称。
⑤ リン脂質や中性脂肪などの分解で遊離される多価アルコール。

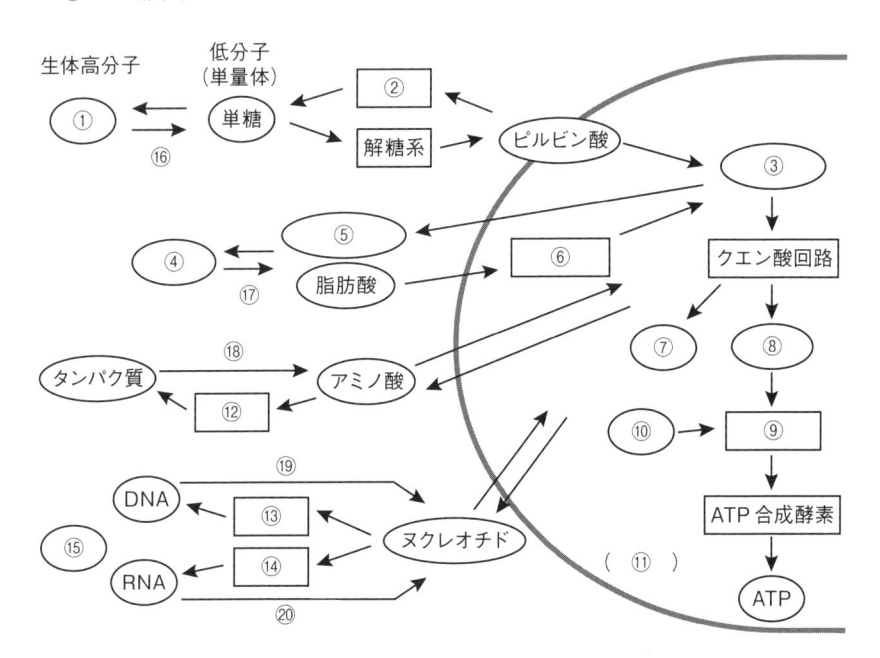

⑥ 脂肪酸を分解する主要な代謝経路。
⑦ ピルビン酸から（③）への変換やクエン酸回路で発生する気体。
⑧ クエン酸回路で基質から還元力を受け取る主な補酵素。
⑨ 還元型の（⑧）を気体（⑩）で酸化するのにはたらく酵素群。
⑪ 図の右半分にある曲線で示した細胞小器官。曲線の右の代謝経路を含んでいる。
⑫・⑬・⑭ 生体高分子を生合成する過程。分子生物学の「セントラルドグマ」の用語。
⑮ DNAとRNAの総称。

問 14.3 生化学の歴史に関する次の文章の丸かっこ（ ）の空欄に最適の語句や数値、化学式を答えよ。角かっこ [ ] には、直前の日本語の英語訳を当てること。

生化学の源流の1つはブドウ酒など酒造りの研究である。甘い物質である（①　）が発酵すると、酩酊をもたらす酒になる。酒を大気中で放置するとすっぱい（②　）になる。古代や中世には、このような発酵や酸敗は物質の自発的な成長や老化だと考えられた。17世紀の終わりにはオランダの（③　）が手製の顕微鏡 [④　] で多くの微生物を発見した。その中には、卵形の単細胞真核微生物である（⑤　）も含まれていた。

19世紀のはじめフランスのゲイリュサックは、アルコール発酵を化学反応式として定式化した；

$$C_6H_{12}O_6 \rightarrow (⑥\ )C_2H_5OH + (⑦\ )(⑧\ )$$

1837年にはフランスやドイツの研究者が、このアルコール発酵は微生物の（⑤　）が引きおこすことを突き止めたが、当時の学界ではなかなか認められなかった。しかし19世紀後半にフランスの偉大な科学者（⑨　）が巧みな実験によってこの事実を万人に認めさせた。彼は「発酵とは空気のない所での生命現象である」と喝破した。19世紀の終わりには（⑩　）のブ

フナー兄弟が、（⑤　　）をすりつぶして濾過した無細胞抽出液でも発酵がおこることを実証した。ここから生命現象を近代科学的な「分析」の対象にする学問が進んだ。

　一般に、化学的な変化を促進する生体物質を酵素 [⑪　　] と総称する。まず、酵素は熱に不安定で高分子量の物質と、熱に安定で低分子量の物質とからなることがわかった。前者を（⑫　　）酵素とよび、後者を（⑬　　）酵素と称する。この2つが合わさったものをとくに（⑭　　）酵素とよぶ。前者は化学的にはポリ（⑮　　）である。後者は多くの場合、微量栄養素である（⑯　　）が活性化されてできる。後に、アルコール発酵は全部で（⑰　　）段階の酵素反応の連鎖であることもわかった。

　1920年代になるとドイツのマイヤーホフは、高等動物である（⑱　　）類の筋肉でも発酵と同様の現象がおこることを示した。ただし（⑰　　）段階のうち初めの（⑲　　）段階で（⑳　　）酸ができるまでが共通であり、筋肉でアルコールは生成しない。この（⑳　　）酸までの共通段階の反応経路を（㉑　　）[㉒　　] とよぶ。

問 14.4　次ページの表は、ゲノム-プロジェクトの1例として、ある細菌（枯草菌）の染色体DNAの全塩基配列にもとづく遺伝子の機能的分類を示す。数字は遺伝子の数をあらわす。下の**ヒント**にもとづき、表中の [①] ～ [⑫] の空欄に適する語句を書き入れよ。

ヒント
① ミトコンドリア内膜にある膜酵素がはたらき、多くのエネルギーを獲得する代謝経路。
② グルコース (C_6) をピルビン酸 (C_3) までに分解する主要な代謝経路。
③ 炭水化物（糖質）や脂肪酸・アミノ酸の炭素骨格を分解する回路状の代謝経路。
④ 種類が多いので、IIの742個の遺伝子のうち205個もの遺伝子がその代謝に関わる物質。

14. 総合問題 －代謝系の相互関係－

I. 細胞鞘、細胞膜と細胞過程　866
 I.1　細胞壁　93
 I.2　輸送／結合タンパク質とリポタンパク質　381
 I.3　感覚器（信号伝達）　38
 I.4　［①　　　］など　78
 I.5　運動と走化性　55

II. 中間代謝　742
 II.1　炭水化物とその関連物質の代謝　261
  II.1　特定の経路　214　　II.2　［②　　　］系　　II.3　［③　　　　］
 II.2　［④　　　］とその関連物質の代謝　205
 II.3　［⑤　　　］と核酸の代謝　83
 II.4　［⑥　　　］代謝　77
 II.5　補酵素と［⑦　　　］の代謝　99
 II.6　［⑧　　　］酸代謝　9
 II.7　［⑨　　　］代謝　8

III. 情報経路　482
 III.1　［⑩　　　］　22
 III.2　制限／修飾系と修復　39
 III.3　組換え　17
 III.4　DNA パッケージングと分離　10
 III.5　［⑪　　　］
 III.6　RNA 修飾　19
 III.7　［⑫　　　］
 III.8　タンパク質修飾　27

IV. その他の機能　289
V. 機能不明のタンパク質に類似　668
VI. 類似性なし　1053

⑤ 核酸の構成単位である物質。信号伝達やエネルギー変換などにも多彩にはたらく。
⑥ 炭水化物や [④] 類、[⑤] 類に並んで、細胞に含まれる量が多い。4大生体物質の1つ。
⑦ タンパク質に結合して、そのはたらきを助ける低分子有機化合物。
⑧ 核酸に含まれるが、タンパク質にはふつう含まれない元素。
⑨ タンパク質には含まれるが、核酸には含まれない元素。
⑩ DNAの生合成。　⑪ RNAの生合成。　⑫ タンパク質の生合成。
* ⑩・⑪・⑫はいずれも「分子生物学のセントラルドグマ」の用語。

◇◇◇◇◇◇◇演習問題の解答と解説◇◇◇◇◇◇◇

問 14.1 解答　1) ペントースリン酸経路。
(a) リボース：核酸（DNAやRNA）。　NADPH：脂肪酸、ステロイド。
(b) リボース：精巣、卵巣、乳腺。NADPH：脂肪組織、副腎皮質。これらのうちから2つを答える。

2) 糖新生。
(a) 直鎖状（直線状）。
(b) 解糖系の全酵素反応；10段階。迂回する酵素反応；3段階。

3) 尿素回路。
(a) 回路状。
(b) 細胞質ゾルとミトコンドリア（のマトリクス）。
(c) 尿素、$(NH_2)_2CO$。

4) β 酸化系。
(a) らせん状。
(b) ミトコンドリア（のマトリクス）。
(c) アセチルCoA。クエン酸回路。
(d) 還元力を集める補酵素：NAD^+とFAD。供給する補酵素：NADPH。

150　14. 総合問題 －代謝系の相互関係－

解説　第 3 部に登場したいろいろな代謝経路の役割、生成物の種類と数、細胞内局在、経路の形状などを、対比しながら簡潔にまとめておくこと。

問 14.2 解答　① 多糖　② 糖新生　③ アセチル CoA　④ 脂質　⑤ グリセロール　⑥ β 酸化系　⑦ 二酸化炭素（CO_2）　⑧ NAD (NADH)　⑨ 呼吸鎖　⑩ 酸素（O_2）　⑪ ミトコンドリア（のマトリクス）　⑫ 翻訳　⑬ 複製　⑭ 転写　⑮ 核酸　⑯ glycosidase　⑰ lipase　⑱ protease あるいは proteinase　⑲ deoxyribonuclease　⑳ ribonuclease

解説　代謝系の全体像、すなわち種々の代謝経路の相互関係を把握しておくこと。とくに、生体高分子の生合成は、物質変化として生化学で扱われるだけでなく、むしろ遺伝情報の変換として分子遺伝学で扱われることが多いので、両者の相互関係も理解しておくこと。

問 14.3 解答　① 糖（グルコース）　② 酢（酢酸）　③ レーウェンフック　④ microscope　⑤ 酵母　⑥ 2　⑦ 2　⑧ CO_2　⑨ パストゥール　⑩ ドイツ　⑪ enzyme　⑫ アポ　⑬ 補　⑭ ホロ　⑮ ペプチド　⑯ ビタミン　⑰ 12　⑱ 鳥　⑲ 10　⑳ ピルビン　㉑ 解糖系　㉒ glycolysis

解説　生化学の歴史も心得ておくと、学問的な概念も把握しやすくなる。問題文の最後の段落に書いたように、目に見えない微生物から高等動物まで、分子レベルでは共通の反応がおこることがわかったことの意義は大きい。生化学が、醸造業のみならず発酵工業生産全般、医療・保健、環境問題など幅広く適用される普遍性をもつ学問になったことの淵源がここにある。

問 14.4 解答　① 酸化的リン酸化　② 解糖　③ クエン酸回路　④ アミノ酸　⑤ ヌクレオチド　⑥ 脂質　⑦ 補欠分子族　⑧ リン　⑨ 硫黄　⑩ 複製　⑪ 転写　⑫ 翻訳

解説　代謝は、生命現象全体の中で重要な役割を果たすので、酵素をコー

ドする遺伝子はゲノムの中で大きな割合を占める。この問題で例示した細菌のような単細胞生物では、とくにその割合が高い。それに比べ多細胞高等生物では、細胞間の連絡・信号伝達や個体レベルの発生・分化に関わる遺伝子も必要なので、代謝に関わる酵素遺伝子の相対的な割合は下がる傾向がある。

豆知識14　代謝系と膜輸送の深い関係

　解糖系は細胞質ゾルに局在し、クエン酸回路はミトコンドリアのマトリクスに局在する。これらに対し、尿素回路は細胞質ゾルとミトコンドリアにまたがっている。後者のように複数の細胞内区画にまたがる代謝系では、代謝中間体が生体膜を通過する段階がはさまるため、過程の全体像は複雑になる。とくに物質の膜輸送にイオン駆動力（親本 6.3.4 項→ p.137）が必要な場合は、エネルギー収支も影響を受ける。たとえ主な酵素が単一の区画に集中している代謝系であっても、出発物質や最終生成物の膜輸送の影響はまぬがれない。たとえば、細胞呼吸におけるATPの生成量を考える上でも、酵素基質の輸送に必要なイオン駆動力が関わってくる（親本 表 10.1 → p.225）。

　グルコース1分子の分解で得られるATP分子の数を考える場合、乳酸発酵やアルコール発酵のような嫌気的代謝系だと、すべての酵素が細胞質ゾルに局在しているので、答えは比較的単純である（2個、親本 9.1.4 項→ p.195）。しかし好気的な細胞呼吸だと、上記の解糖系、クエン酸回路とさらに酸化的リン酸化（呼吸鎖＋ATP合成酵素）の総和なので、計算は複雑になる。

　解糖系で生じたNADHは、そのままではミトコンドリアに入らず、呼吸鎖には届かない。NADHを細胞質ゾルからミトコンドリ内膜を経てマトリクスに運ぶ輸送系には2種類あり、どちらがはたらくかは組織や細胞によって異なる。そのため分解されるグルコース1分子あたりに生成されるATPの分子数も組織によって異なる。脳や骨格筋ではたらく輸送系はグリセロール3-リン酸シャトルとよばれ、NADHの還元力をグリセロール3-リン酸に変換して内膜を通す。こちらはエネルギーのロスがあり、NADH1分子あたりのATP数は少ない。一方、心臓・肝臓・腎臓の輸送系はリンゴ酸-アスパラギン酸シャトルとよばれ、還元力をリンゴ酸とアスパラギン酸の形に変えて内膜を輸送する。こちらはエネルギーが温存される。親本 表 10.1（→ p.225）の計算（グルコース1分子の分解で得られるATP分子数＝32個）は心臓などの場合であり、脳などの場合は上述のロスの分だけ小さい計算になる（30個）。（ただし、豆知識13も参照）

チャレンジ問題の解答と解説

第1部 構造編

1章 糖 質

問 1-A 正しいのは (3)。

　解説　(1) グルコースはエステル結合ではなく、ヘミアセタール結合で環化する（親本 1.1.2 項）*。　(2) エピマーとは、1つの不斉炭素の立体配置だけが異なる立体異性体のこと（1.1.1 項）。D-グルコースはアルドース、D-フルクトースはケトースであり、官能基が異なる（図 1.1、図 1.2）。ジアステレオマーや鏡像異性体（エナンチオマー）も含め、種々の異性体は親本豆知識 1-3 を参照して整理を。　(3) 代表的な二糖や多糖の構成は、試験に頻出。それぞれ 1.2 節と 1.3 節で整理を。　(4) フェーリング反応は、非還元糖ではなく還元糖の定量や検出に用いる（1.1.4 項）。

問 1-B 正しいのは (2) と (4)。

　解説　(1) 六炭糖だというのは正しいが、ケトースではなくアルドースである（親本図 1.1）。　(2) 単糖の異性体とその名称については、1.1.1 項参照。
(3) キシリトールは、キシルロース（ケトペントース）ではなくキシロース（アルドペントース）の還元で生じる（1.1.5 項②）。単糖の紛らわしい名前には、ほかにもリボース対リブロースなどがある。　(4) 糖の酸化誘導体では、ウロン酸・アルドン酸・アルダル酸を区別すること（1.1.5 項①）。

問 1-C 正しいのは (1) と (4)。

　解説　(1) セルロース・デンプン（もとの漢字は「澱粉」で、分野によっ

---

* 引用先の親本とは『イラスト 基礎からわかる生化学』（裳華房、2012）を指します。

ては「でん粉」とも表記)・グリコーゲンは、いずれも D-グルコースがグリコシド結合した多糖である（親本 1.3 節）。デンプンは、アミロースとアミロペクチンからなる。これら多糖の結合の種類や分岐の有無・程度をまとめておくこと。　(2) アミロースは、D-グルコースが、α-1,6 ではなく α-1,4-グリコシド結合した多糖。　(3) ヒアルロン酸は N-アセチル-D-グルコサミンと D-グルクロン酸の二糖くり返し構造からなり、硫酸基はもたない（1.4 節）。硫酸基をもつのは、次のコンドロイチン硫酸など。　(4) コンドロイチン硫酸は、上のヒアルロン酸と同様、二糖くり返し構造をもつムコ多糖。　(5) デキストリン（9.4.1、9.4.2 項）とキチン（1.3 節）は、それぞれ D-グルコースと N-アセチルグルコサミンの 1 種類の糖からなるホモ多糖である。ペクチンは、おもにガラクツロン酸からなるが、一部がメチル化されたり、ラムノースなど他の単糖も含んだりするヘテロ多糖である。

　国試対策ノート　デキストリン（dextrin）の類似物質にデキストラン（dextran）がある。これは乳酸菌が生産する D-グルコースのホモ多糖。この高分子デキストランを部分分解した産物が、産業上有用なデキストランである。デキストランやデキストリンは、デンプンやセルロースと異なり冷水によく溶ける利点があり、医薬品・化粧品・健康食品などに利用される。

2 章　脂　質

問 2-A　正しいのは (1) と (3)。

　解説　(1) これらは、α-リノレン酸やアラキドン酸などとともに、不飽和脂肪酸である（親本 表 2.1）。　(2) もっとも多く代表的なエネルギー貯蔵物質は、トリアシルグリセロールである（2.4 節）。ジアシルグリセロールは、刺激に応じて膜の脂質から切り出されセカンドメッセンジャーとしてはたらく。　(3) 副腎皮質ホルモンや性ホルモンのようなステロイドホルモンは、コレステロールから誘導される（2.3 節）。　(4) これらの膜の基本構造は共通で「生体膜」と総称されるが、脂質やタンパク質の組成はそれぞれ異なる（2.5 節、親本 豆知識 2-7）。

問 2-B　正しいのは (2)。

解説　親本 2.3 節、とくに表 2.1 参照。　(1) エイコサペンタエン酸は、EPA と略される C_{20}- 五価不飽和脂肪酸。C_{22}- 六価不飽和脂肪酸のドコサヘキサエン酸（DHA）とともに、血栓症などを予防する成分とされている。　(2) 脂肪酸は、二重結合が少なく鎖長が長いほど、融点が高い。　(3) オレイン酸の略号は 18:1 (9) であり、18:2 (9,12) はリノール酸。同様に、上の EPA は 20:5 (5,8,11,14,17)、DHA は 22:6 (4,7,10,13,16,19)。IUPAC の組織的命名法ではこのように、二重結合の位置をカルボキシ基側から炭素の順番で番号付けする。

　[国試対策ノート]　一方、逆のメチル基側（ω 位）から番号をつける場合もある。ω 位から見て最初の二重結合の位置によって、不飽和脂肪酸を ω3 系（あるいは n-3 系）と ω6 系（n-6 系）、ω9 系（n-9 系）の 3 群に分類することがある。これは脂肪酸の生合成が、メチル基側からの伸長で進むことによる。この分類によれば、オレイン酸は ω9 系(n-9 系)、リノール酸は ω6 系(n-6 系)、EPA や DHA は ω3 系（n-3 系）である。

　(4) α-リノレン酸は、人体では生合成できない不飽和の必須脂肪酸である。ω3 系 (n-3 系) であり、同じ ω3 系の EPA や DHA は、少量ながら人体内で α-リノレン酸から生合成される。

　[国試対策ノート]　同様に ω6 系のアラキドン酸は、同じ ω6 系のリノール酸から合成される。アラキドン酸（C_{20}）からはプロスタグランジン・トロンボキサン・ロイコトリエンなどのエイコサノイド（C_{20}）が合成され、これらは細胞間信号伝達物質としてはたらく。

　(5) 天然の不飽和脂肪酸はほとんどすべてシス形である。人工的に化学修飾した脂肪酸に含まれるトランス脂肪酸は、心臓疾患などの要因になることから規制が広がっている。

問 2-C　正しいのは (4)。

解説　a, c は複合脂質（親本 2.5 節）で、b, d は単純脂質（2.4 節）である。a—イ；グリセロリン脂質で、代表的な膜脂質。　b—エ；エステル結合が

切断されると、コレステロールと脂肪酸が誘導される。　c—ウ；代表的なスフィンゴリン脂質で、神経のミエリン鞘に多い。　d—ア；試験問題に頻出する主要な中性脂肪。

3章　タンパク質とアミノ酸

問 3-A　誤っているのは (3)。

　解説　(1) アミノ酸は、α位に酸性のカルボキシ基と塩基性のアミノ基をもつ (親本 3.1.1 項)。ただしプロリンのアミノ基は第二級である (3.1.2 項)。
　(2) 3.1.1 項と図 3.3 参照。　(3) アスパラギンやグルタミンの R 基はともに酸アミド (図 3.3 と表 3.1)。生理的 pH で負電荷をもつ酸性アミノ酸は、アスパラギン酸とグルタミン酸であり、別物質。
(4) プロリンは、20 種の標準アミノ酸のうち唯一、R 基が α アミノ基に結合して第二級アミンになっている。

　国試対策ノート　一部の国試に登場したことのある「双性イオン」や「双性電解質」は、「両性イオン」や「両性電解質」と同じ意味である。アミノ酸が重合したペプチドやタンパク質において、$C_α$ とアミド結合 (-C-N-) の計 3 原子のくり返しからなる主鎖 (main chain) に対して、R 基を側鎖 (side chain) とよぶ。しかし国試によっては、単量体アミノ酸の R 基も「側鎖」とよぶ例があった。またアミノ酸のうちトレオニン (threonine) やリシン (lysine) は、分野によってそれぞれスレオニンやリジンとよばれることもある。

問 3-B　正しいのは (4) と (5)。

　解説　(1) ジスルフィド結合は、還元ではなく酸化によって形成される (親本 3.3.3 項、図 3.10)。　(2) プロリンが R 基にもつのは環状アルキル基でありフェニル基 (ベンゼン環) ではないので、プロリンは芳香族ではない (図 3.3、表 3.1)。280 nm での紫外線吸収は、芳香族アミノ酸の中でもトリプトファンの寄与が大きく、次いでチロシン、最後にフェニルアラニンの順であ

る。　(3) ミオシンは筋肉運動の主役である収縮タンパク質であり、イオンを運ぶ輸送タンパク質には Na^+, K^+ ポンプなどがある (7.1.2 項)。　(4) コラーゲン中のヒドロキシプロリン残基は、プロリンの翻訳後修飾で形成される (3.4 節)。なお、「ヒドロキシ化」は、長く「水酸化」とも呼ばれてきた。(5) タンパク質のリン酸化は、R 基にヒドロキシ基（-OH 基）を含む 3 つのアミノ酸残基で起こる（7.3.2 項③）。

　国試対策ノート　タンパク質には様々な種類があり、多様な生命現象に関わっているので、親本の中でもいろいろな箇所で登場する。上記のほかよく出題されるタンパク質には、ヒストン（リシンに富む塩基性タンパク質。生理的 pH で正電荷を帯びるため、負電荷を帯びる核酸の DNA に結合しやすい）やヘモグロビン（α 鎖 2 本と β 鎖 2 本からなるヘテロ四量体）などもある。

問 3-C　正しいのは (1) と (2)。

　解説　(1) 本来結合しているべき補酵素や補欠分子族が存在しない不完全（未完成）な酵素はアポ酵素とよぶ。それに対し、これらが結合した完成状態の酵素はホロ酵素という（親本 8.1.2 項）。　(2) 等電点の意味はアミノ酸の節で説明した（3.1.3 項）が、同じ両性電解質であるタンパク質にも同様に当てはまる。リン酸基は負電荷をもつので、電気的に中性のヒドロキシ基がリン酸化されると一般に電荷が変化し、等電点も変わる。　(3) タンパク質の変性とは、一次構造ではなく高次構造（立体構造）が崩れることである（3.3.4 項）。　(4) リシン残基がアセチル化されると正電荷が減少し、負電荷をもつ DNA に対する親和性は低くなる（**問 3-B の解説**）。

4 章　核酸とヌクレオチド

問 4-A　正しいのは (3)。

　解説　(1) 構成塩基は、アデニン（A）・グアニン（G）・シトシン（C）・チミン（T）の 4 種である（親本 4.1 節）。アラニン・グリシン・システイン・チロシンは、いずれもアミノ酸である（表 3.1）。　(2) 構成糖は、2-デ

オキシ-D-リボースである（図1.9(d)）。D-リボースはRNAの構成糖。　(3) DNAの二重らせん構造にはA形・B形・Z形の3つがあり、AとBが右巻きでZは左巻きである。生理的条件下では、このうちおもにB形の構造をとる（4.3.1項）。　(4) 加熱によるDNAの変性とは、エステル結合のような共有結合の切断ではなく、2本鎖を1本ずつにほぐし分けること、すなわち塩基対の間の水素結合を切断することである（同上）。

問 4-B　正しいのは (1) と (5)。

　解説　(1) ヌクレオチドの糖部分の1'位には塩基が結合している。2'位には、RNAではヒドロキシ基（-OH基）があるが、DNAでは還元されて水素（-H）となっている（4.2節、とくに図4.3）。　(2) 核酸の糖部分は、いずれもD型の五炭糖（4.1節）。RNAではD-リボース、DNAでは2-デオキシ-D-リボースである。　(3) DNAの相補的塩基対は、共有結合ではなく水素結合により形成される（4.3.1項、とくに図4.6）。　(4) アデニンと対をなすのは、グアニンではなくチミンである（同上）。　(5) mRNAのコドンとtRNAのアンチコドンがリボソーム上で対合して、翻訳が起こる（4.3.2項、とくに図4.7）。

第2部　酵素編

5章　酵素の性質と種類

問 5-A　正しいのは (1)。

　解説　(1)「最適pH」は至適pHと同義で、"optimal pH" の訳語である（親本5.3.1項②）。　(2) 動物細胞由来の酵素でも、胃壁の細胞から分泌される消化酵素や、リソソーム内ではたらく分解酵素の至適pHは酸性側である（同上）。なお、微生物の好酸菌や好アルカリ菌は、さらに極端な至適pHの酵

素を産生する。　(3) 酵素反応の速度は、温度によって大きな影響を受ける。
　(4) 酵素は一般に高い基質特異性をもち、構造異性体だけでなく鏡像異性体も区別する（5.3.1 項③）。異性体の種類は、親本 豆知識 1-3 も参照。

問 5-B　誤っているのは (4) 。
　解説　(1) 酵素の基質特異性を説明するモデルとして「鍵と鍵穴説」は正しいが、酵素の構造が金属の鍵や錠前のように固いというイメージは正しくない。とくにその点を修正したのが「誘導適合説」である（親本 5.4.1 項）。
　(2) 活性化エネルギーの低下により、反応速度が高まる（5.4.2 項、とくに図 5.5）。　(3) たとえばビオチンは、アポ酵素のリシン残基に共有結合している（図 8.11）。　(4) 補欠分子族や補因子を含んだ完成状態の酵素はホロ酵素とよぶ。アポ酵素とは、それらを除いた未完成型のこと（8.1.2 項）。

問 5-C　正しいのは (3) 。
　解説　(1) ホスホリパーゼは、リン脂質を加水分解する酵素である。一般に、物質名の語尾を「アーゼ」(-ase) に置き換えると、その物質の分解酵素を示すことが多い。ホスホリパーゼ（phospholipase）はリン脂質（phospholipid）の 語尾を置き換えた名前である（親本 5.2 節③）。　(2) タンパク質リン酸化酵素はプロテインキナーゼ。プロテインホスファターゼは、リン酸化タンパク質からリン酸基を取り除く脱リン酸化酵素（7.3.2 項③）。
　(3) 5.2 節①参照。水分子を取り除くデヒドラターゼと混同しないように（表 5.2）。　(4) キナーゼとは、高エネルギーリン酸化合物のリン酸基（とくに ATP の γ 位のリン酸基）を基質に転移するリン酸化酵素である（5.2 節②）。

6 章　酵素の速度論とエネルギー論

問 6-A　正しいのは (1) と (4) 。
　解説　(1) 初期速度は V_0 と表記する（親本 6.1.1 項）。　(2) K_m とは、反応速度が V_{max} の半分となる時の<u>基質の濃度</u>であり、酵素の濃度ではない

（6.1.2 項）。　(3) 逆が正しい。K_m が大きいほど親和性は小さい（同上）。　(4) 拮抗阻害剤は、不拮抗阻害剤などとともに、可逆的に作用する阻害剤である（6.2.3 項）。

問 6-B　正しいのは (2)。

解説　阻害剤の種類や効果は、親本 6.2.3 項参照。(1) 酵素の不可逆阻害は、活性酵素の濃度（実質的な酵素濃度）を下げる作用であり、基質の濃度を高めても阻害の程度は変わらない。　(2) 拮抗阻害剤と基質は、ともに活性中心に可逆的に結合し、それを奪い合う関係にある。　(3), (4) 酵素に拮抗阻害剤を加えると、見かけの K_m が大きくなる（親和性が下がる、**問 6-A 解説** (3)）が、見かけの V_{max} は変わらない。

　国試対策ノート　阻害剤などが共存する際の K_m や V_{max} の値には、通常「見かけの」(apparent) をつけて表記するが、国試によってはこれを付けない場合がある。

7 章　代謝系の全体像

問 7-A　誤っているのは (2)。

解説　(1) Ca^{2+} は、cAMP と並び、代表的なセカンドメッセンジャー（細胞内の信号物質）である（親本 7.3.2 項②）。　(2) グリコーゲンホスホリラーゼのように、リン酸化で活性化される酵素と、グリコーゲン合成酵素のように、リン酸化で不活化される酵素の両方がある（9.5 節）。　(3) アロステリック効果には、ホモトロピックな作用とヘテロトロピックな作用とがある（7.3.2 節①）。活性部位とは別の部位に基質以外の物質（エフェクター）が結合して活性を変化させるのがヘテロトロピック効果である。同じ基質を結合する複数のサブユニットが会合したオリゴマー（たとえば四量体のヘモグロビン）などでは基質結合部位どうしの作用もあり、こちらがホモトロピック効果である。　(4) 消化酵素や血液凝固因子などの多くは、前駆体がタンパク質分解酵素により切断されて活性化される（7.3.2 項④）。

国試対策ノート　アロステリック効果（allosteric effect）にはヘテロトロピック（heterotropic）とホモトロピック（homotropic）とがあるが、国試によっては前者だけに限定した問題もあった。これは "allo-" が「異なる」という意味であることに引きずられた解釈のようだが、酵素反応速度の基質濃度依存性がS字形になる性質は後者で説明されるので、後者も含める方が適切である。

問 7-B　正しいのは (2) と (3)。
　解説　(1) グリコーゲン合成酵素を活性化するのは、インスリン。遊離のグルコースを減らし、血糖値を下げる。アドレナリンは逆に、グリコーゲンを分解して血糖値を上げるほうのホルモンである（親本 9.5 節）。　(2) HMG-CoA 還元酵素は、コレステロール生合成系の鍵酵素であり、血中コレステロール濃度を制御するための主な調節点である（11.4 節）。コレステロールによってフィードバック阻害を受ける。　(3) 環状 AMP（cAMP）は、Ca^{2+} と並ぶ代表的なセカンドメッセンジャー（細胞内信号物質）である（9.5 節）。アデニル酸環化酵素（アデニレートシクラーゼ）で生成され、ホスホジエステラーゼで分解される。　(4) 代謝経路の中で最も遅い段階の酵素だからこそ、その活性の昇降が経路の全体的な流速を左右する（7.1.1 項）。

8 章　ビタミンとミネラル

問 8-A　正しいのは (1) と (3)。
　解説　ビタミンの生化学的機能については、親本 8.1 〜 8.3 節参照。とくに表 8.1 にまとめている。(1) ビタミン A が欠乏すると光受容が不調となり、夜盲症を引き起こす。　(2) ビタミン B_1 の活性型であるチアミン二リン酸がはたらくのは、アミノ酸代謝系ではなく、糖代謝系のアルデヒド基転移反応。　(3) ただし、腸内細菌によるビタミン B_2 の合成は不十分なので、食物から摂取する必要がある。　(4) ビタミン B_6 の活性型であるピリドキサルリン酸がはたらくのは、糖代謝系ではなく、アミノ酸代謝系の脱アミノ化

反応。単純には、「B_1 は糖代謝、B_6 はアミノ酸代謝」と対比しておくこと。

問 8-B 正しいのは (2) と (5)。

解説 ビタミン欠乏症についても、同じく親本 8.1〜8.3 節（とくに表 8.1）参照。(1) ビタミン A の欠乏症は夜盲症。くる病はビタミン D 欠乏症。(2) ビタミン B_1 欠乏症の脚気は、白米偏重の江戸で多発し、「江戸わずらい」とよばれた。　(3), (4) 正しい組合せは、ビタミン B_{12}—悪性貧血、ビタミン C—壊血病、葉酸—巨赤芽球性貧血、ビタミン D—くる病。　(5) ビタミン K は腸内細菌が合成するが、腸内細菌の整っていない新生児では頭蓋内で出血しやすい。このため新生児には予防的にビタミン K を投与する。

問 8-C 正しい組合わせは (3)。

解説 a ○　葉酸は、体内で活性化されて、DNA や RNA の生合成に必要な C_1 運搬体としてはたらく。したがって細胞の交代がさかんな赤血球の増殖にとくに必要で、不足すると貧血を引き起こす（親本 8.2.2 項）。　b ×　活性型ビタミン D が核内受容体に結合して作用することは正しいが、活性化は脾臓ではなく肝臓と腎臓でおこる（8.3 節）。　c ×　多価不飽和脂肪酸の酸化防止のために、むしろ脂溶性の抗酸化物質であるビタミン E が必要（同上）。　d ○　抗生物質を長期投与すると、腸内細菌が減少する。ビタミン K は腸内細菌が一部供給するので、必要量が増加する（同上）。

問 8-D 正しいのは (3) と (4)。

解説 (1) 体内の全酵素の 1/3 以上が、金属原子を結合したり必要としたりしている（親本 8.4 節）。　(2) 亜鉛が欠乏して生じるのは、聴覚障害ではなく味覚障害（同上）。　(3) 核酸とタンパク質に共通な構成元素は炭素・水素・酸素・窒素である。核酸はその他にリンを、タンパク質は硫黄を含む（第 1 部冒頭）。　(4) 活性型ビタミン D は、血中カルシウム濃度を制御するホルモンとしてはたらき、消化管からの吸収や腎臓での再吸収を促進する（8.3 節）。

国試対策ノート　カルシウム代謝を制御するホルモンには、活性型ビタミンDのほかにもカルシトニンとパラトルモン（PTH、副甲状腺ホルモン）もあるので、まとめて整理しておくとよい。生化学はこのように、内分泌系を含め生理学との関連も深いので、関連づけて勉強すること。

第3部　代謝編

9章　糖質の代謝

問 9-A　正しいのは (2) と (4)。

解説　(1) 解糖系の酵素は、いずれも細胞質ゾルに存在する（親本 9.1.1 項）。　(2) C_6 化合物のグルコースが C_3 化合物のピルビン酸 2 分子に分割される（9.1.2 項）。　(3) 解糖系におけるグルコースの酸化は、中間体が補酵素 NAD^+ と反応することによる（図 9.2）。生じた NADH は、呼吸鎖（電子伝達系）の酵素反応の連鎖で酸素分子により酸化され、NAD^+ が再生される（10.3 節）。　(4) グルコース 6-リン酸からホスホエノールピルビン酸（PEP）まで、すべての中間体がリン酸化体である（図 9.2）。

問 9-B　正しいのは (2) と (3)。

解説　五炭糖リン酸経路は、ペントースリン酸回路などともよばれる。全体として親本 9.3 節参照。　(1) この経路は細胞質ゾルに局在する。細胞質ゾルとミトコンドリアにまたがっているのは、尿素回路（図 12.4）。　(2), (3) この経路は、核酸合成の素材の D-リボースと、脂質合成に必要な NADPH を供給する役割をもつ。　(4)「解糖の別経路」ともよばれるし、中間体はすべてリン酸基をもつが、ATP は生成しない（図 9.10）。

チャレンジ問題の解答と解説　163

問 9-C　正しいのは (1) と (4)。

解説　(1) 一般に、ホスホリラーゼは加リン酸分解を触媒するのに対し、ヒドロラーゼは加水分解を触媒する（親本 9.4.2 項、5.2 節③）。　(2) グリコーゲン合成酵素が基質とするのは、CDP-D-グルコースではなく UDP-D-グルコース（9.4.3 項、とくに図 9.14）。一般に、UDP が糖質の合成に使われるのに対し、CDP は脂質の合成に使われる（11.3 節）。　(3) 筋肉に貯えられたグリコーゲンは、加水分解ではなく加リン酸分解されて、筋肉の内部の解糖系で利用される（9.4.2 項）。筋肉はホスファターゼ活性が弱い。血液中に D-グルコースを供給するのは、ホスファターゼ活性の高い肝臓の役割。(4) 膵臓ホルモンのうち、グルカゴンは遊離のグルコースを増やして血糖値を上げる（図 9.15）。逆に、血糖値を下げる役割のインスリンは、グリコーゲンの合成を促進する。

10章　好気的代謝の中心

問 10-A　正しいのは (1) と (3)。

解説　(1) 解糖系の酵素群が細胞質ゾルに局在するのに対し、クエン酸回路の酵素群はミトコンドリアのマトリクスに存在する（親本 10.1 節）。　(2) アセチル CoA は、オキサロ酢酸と縮合してクエン酸が生成する。リンゴ酸は、酸化されてオキサロ酢酸に変わってからでないとアセチル CoA と縮合しない（10.2.1 項、とくに図 10.3）。　(3) アセチル基（CH_3CO-）は炭素原子を 2 個含む。なお、解糖系の最終産物であるピルビン酸（$CH_3COCOOH$）の 3 つの炭素原子は、アセチル CoA になる段階で、まず 1 つ目が CO_2 に変換される（同上）。　(4) 脱水素酵素に用いられる補酵素は、$NADP^+$ ではなく NAD^+ と FAD（10.2.2 項）。

問 10-B　誤っているのは (4)。

解説　(1) 電子伝達系はミトコンドリアの内膜に局在するので、ミトコンドリア内から輸送された H^+ がまず放出されるのは膜間腔（内外 2 膜の間）

だが、外膜はH⁺を容易に通すので、直ちに細胞質ゾルに出る（親本 図10.1、10.3節）。　(2) コエンザイムQ（CoQ）は、「補酵素Q」や「ユビキノン」ともよばれ、代表的な電子メディエーターである（10.3節 (b)）。(3) シトクロムP450は、小胞体の電子伝達系の主要成分で、肝臓における薬物代謝にはたらく（親本 豆知識7-2）。ミトコンドリアの電子伝達系の主要成分は、シトクロム a, a_3, b, c, c_1（10.3節 (a)）。　(4) 細菌にも好気的代謝（酸化的リン酸化）を行うものが少なくない。そもそもミトコンドリアの進化的起源は、そのような好気性細菌が、他の大きな細胞の内部に共生したものである（10.1節）。好気性細菌の細胞膜は、ミトコンドリアの内膜にあたり、呼吸鎖の酵素群やATP合成酵素などを備えている。

問10-C　正しい組合せは (6) 。

　解説　a×　電子伝達系（呼吸鎖）は、酸化還元反応で遊離される化学エネルギーを用いてH⁺の電気化学的勾配（電気化学ポテンシャル差、Δμ）を形成する（親本10.3節と6.3.4項）。　b×　ATP合成酵素は、H⁺の電気化学的勾配（Δμ）を用いてATPを合成する（同上）。　c○　グルコース1分子の嫌気的代謝（乳酸までの分解）で得られるATPは2つであるのに対し、好気的代謝（解糖系＋クエン酸回路＋酸化的リン酸化）によって生じるATPは、約30個で、15倍程度である（表10.1、親本 豆知識9-1）。　d○　電子伝達系（呼吸鎖）とATP合成酵素は、H⁺の輸送を介して共役している（10.3節⑤、7.2.1項）。脱共役とは、その間の共役を解消することである。UCPは膜においてH⁺を漏らすため、酸化還元反応で遊離される化学エネルギーがATP合成に有効利用されず、熱として発散される。

　|国試対策ノート|　脱共役作用のある物質には、実験研究に用いられる人工合成試薬もあるが、哺乳類の脂肪組織などのミトコンドリアには天然のタンパク質もある。そのような**脱共役タンパク質**（uncoupling protein, 略してUCP）は、生理的に熱発生などの機能を果たしている。ノルアドレナリンはUCPの産生を誘導し、脂肪の燃焼や体温の上昇をもたらす。

11章 脂質の代謝

問 11-A 正しいのは (2) と (4)。

解説 (1) 脂肪酸の生合成は、マロニル CoA を材料として、細胞質ゾルで行われる。親本 11.2 節、とくに表 11.1 の対比的なまとめが簡潔。

国試対策ノート 「細胞質 (cytoplasm)」というと、厳密にはミトコンドリアなど細胞小器官も含まれる (親本 豆知識 5-5)。しかし国試によってはミトコンドリアなどを含まない細胞質ゾル (cytosol) の同義語として使用された例があるので、要注意。

(2) コレステロールの生合成は、HMG-CoA 還元酵素が鍵酵素として厳密に調節されている (11.4 節)。当然、摂取量や消費量に影響を受ける。 (3) リノール酸は人体内で合成されない必須脂肪酸であり、食品から摂取する必要がある (親本 2.3 節)。 (4) 細胞膜では、糖鎖は細胞外に面しており (図 2.11)、細胞の識別や潤滑性に寄与している (1.4 節③)。

問 11-B 正しいのは (5)。

解説 アセチル CoA (C_2) 3 分子からメバロン酸 (C_6) が合成されたあと、脱炭酸によりイソペンテニル基などイソプレン (C_5) 単位になる。これが生合成の単位素材となり、ゲラニル基 (C_{10}) やファルネシル基 (C_{15}) を経て、スクアレン (C_{30}) をもとに各種のステロイドやテルペン (親本 豆知識 11) が生成する (図 11.12)。HMG-CoA 還元酵素は、高脂血症治療薬であるスタチンの標的である (11.4 節)。

問 11-C 誤っているのは (1) と (4)。

解説 (1) エイコサペンタエン酸 (EPA) は ω3 系 (n-3 系) であり、同じ ω3 系 (n-3 系) の α-リノレン酸から合成される (問 2-B 国試対策ノート)。 (2) アラキドン酸は ω6 系 (n-6 系) であり、同じ ω6 系 (n-6 系) のリノール酸から合成される (参照箇所は同上)。

国試対策ノート ω3 系の α-リノレン酸と ω6 系のリノール酸は、食事か

ら摂取する必要のある必須脂肪酸だが（親本 2.3 節）、ω9 系のオレイン酸 (18:1 (9)) は、人体内で 18:0 のステアリン酸から生合成できるため、必須ではない。必須脂肪酸から合成される EPA・DHA・アラキドン酸などは必須脂肪酸には含めないこともあるが、生合成では必要量を満たせないとして必須脂肪酸とされることもあり、判断は分かれる。このようなあいまいな点は、国試では問われない。

(3) アラキドン酸は、細胞間信号物質である各種エイコサノイドを生合成するもととなる（**問 2-B 国試対策ノート**）。　(4) コレステロール合成の律速酵素は、HMG-CoA 還元酵素である（**問 11-B 解説**、親本 11.4 節）。

12 章　アミノ酸の代謝

問 12-A　正しいのは (2) 。

　解説　尿素回路（尿素サイクル）は、窒素化合物の代謝で最重要事項の 1 つであり、親本 12.1.2 項で詳述。有害物質を除くおもな器官には、代謝（分解や抱合など）による肝臓と、排泄による腎臓とがある。尿素回路の中間代謝物には、標準アミノ酸（3.1 節）のアルギニンのほか、非標準アミノ酸のオルニチンやシトルリンがある。

問 12-B　正しいのは (1) と (3) 。

　解説　(1) フェニルアラニンをチロシンに変換するこの酵素は、ヒドロキシラーゼともモノオキシゲナーゼともよばれる（親本 12.1.4 項）。　(2) アルカプトン尿症は、ヒスチジンではなくフェニルアラニンやチロシンの芳香環を開裂させるオキシゲナーゼの異常が原因である。　(3) 2-オキソ酸（旧名 α-ケト酸）を酸化的に脱炭酸する酵素は 2-オキソ酸デヒドロゲナーゼ（脱水素酵素）とよばれる。ある国試では、「分枝アミノ酸デカルボキシラーゼ（脱炭酸酵素）」という名称を誤りと判定することを求めたことがある。
(4) 高アンモニア血症は、血中アンモニウムイオン濃度が異常に高まる疾患であり、タンパク質摂取量をごく低レベルに制限する措置がある（親本 豆

知識 12-2)。

問 12-C 正しいのは (3) と (5)。

　解説　ホルモンや神経伝達物質などの生体アミンは、標準アミノ酸の脱炭酸反応で生じるものが多い（親本 12.3 節）。　(1) セロトニンの前駆体はトリプトファンであり、フェニルアラニンではない。　(2) アドレナリン・ノルアドレナリン・ドーパミンの前駆体は、いずれもチロシンであり、トリプトファンではない。　(3) グルタミン酸の α 位が脱炭酸されると、カルボキシ基は γ 位だけに残り、こちらが新たに α 位と指定し直される。その結果「γ 位にアミノ基が結合した酪酸」という名称になる。　(4) 尿酸は、アミノ酸ではなくプリンヌクレオチドの代謝産物（13.1 節）。　(5) 尿素回路において、アルギニンは尿素とオルニチンに開裂する（図 12.4）。この尿素が血流を経て腎臓から排泄され、オルニチンは回路に残りカルバモイル基を受け取る。

13章　ヌクレオチドの代謝

問 13-A　正しいのは (1) と (3)。

　解説　(1) プリンヌクレオチドの生合成経路（新生経路）では、リボース 5-リン酸から 5-ホスホリボシル 1α-二リン酸（PRPP）を経て IMP が生成された後、2つの経路に分岐して AMP と GMP が合成される（親本 図 13.4）。　(2) ピリミジンの生合成経路（新生経路）では、まずピリミジン前駆体（オロト酸）の環構造が構築された上で PRPP と結合し、UMP、UDP を経て UTP が合成された後、還元的にアミノ化されて CTP が生じる（図 13.6）。CTP を脱アミノ化して UTP を生合成するのではない。　(3) プリン塩基は、新生経路で生合成される（上記 (1)）とともに、再利用（サルベージ）経路でも供給される（図 13.5）。再利用経路の利用度は、ピリミジン塩基よりプリン塩基で高い。　(4) 酸化され尿酸として排泄されるのは、ピリミジン塩基ではなくプリン塩基（図 13.2）。ピリミジン塩基は環構造も開裂され、

炭素骨格はクエン酸回路、窒素は尿素回路を経て処理される（図 13.3）。

問 13-B　正しいのは (2) と (3)。

解説　(1), (2) ピリミジン塩基は、遊離の環構造 (オロト酸) が合成されてから糖部分(PRPP)に結合するのに対し、プリン塩基は、PRPP の 1 位に徐々に組立てられていく（親本 13.2 節、**問 13-A 解説**）。　(3) プリン塩基を組立てる経路では、C_1 基の付加反応が重要である。C_1 担体のテトラヒドロ葉酸 (THF、図 8.9) を供給するのは、ジヒドロ葉酸 (DHF) レダクターゼであり、これがプリン生合成の鍵酵素 (7.1.1 項) となっている。　(4) チミジル酸 (dTMP) は、リボチミジル酸 (TMP) を還元して生成するのではなく、デオキシウリジル酸 (dUMP) をメチル化して生成する (13.2 節)。大雑把にいえば、RNA 界から DNA 界を派生する (親本 豆知識 8-1) のに必要な 2 反応は、還元が先でメチル化が後で起こる。

　国試対策ノート　「プリン」と「ピリミジン」という単純な術語は、それぞれ単一の複素環式化合物 $C_5H_4N_4$ と $C_4H_4N_2$ を指す（親本 表 4.1 の最上段）。これらにいろいろな側鎖が付加された化合物群を総称する場合は、「類」や「塩基」などの語尾を添えて、「プリン類」とか「ピリミジン塩基」などとよぶ。しかし国試によっては、このような使い分けをせず、単純な「プリン」「ピリミジン」という語を総称として代用する場合がある。なお、「チミジル酸」という語は dTMP を指すが、TMP（リボチミジル酸）との混同を避けるため、dTMP をあえて「デオキシチミジル酸」とよぶことも多い。この方が dUMP・dAMP・dGMP などとも統一がとれる利点がある。

問 13-C　正しいのは (4)。

解説　(1) DNA リガーゼは、複数の DNA 鎖を連結する合成酵素である（親本 5.2 節）。　(2) DNA ポリメラーゼがヌクレオチドを付加するのは、伸長中の DNA 鎖の 5′-末端ではなく 3′-末端（図 7.11）。　(3) 逆転写酵素とは、RNA 依存性の DNA ポリメラーゼである (7.4 節)。　(4) 開始コドンはメチオニンを指定するが、終止コドンは伸長中のポリペプチド鎖にアミノ酸では

なく水分子を反応させるので、伸長が断たれる（4.3.2項）。　(5) 20種の標準アミノ酸のうちメチオニンとトリプトファンの2種は、コドンがそれぞれAUGとUGGの1つずつしかない。標準コドン表（表4.2）を参照。

14章　総合問題 ― 代謝系の相互関係 ―

問 14-A　ATP生成に寄与しないのは (2) と (3)。
　解説　(1) 解糖系は、基質レベルのリン酸化でATPを生成する（親本 9.1.2項）。　(2) 糖の新生は、吸エルゴン反応（6.3.2項）であり、むしろATP（やGTP）を消費する（9.2.1項）。　(3) 五炭糖リン酸経路は、解糖系 (1) の別経路だが、リボースやNADPHを供給することが生化学的機能であり、ATPは産生しない（9.3節）。　(4) クエン酸回路は、エネルギー獲得のための経路であり、生成されるNADHやFADH$_2$が酸化される過程でATPが間接的に生成される（10.2.2項）。また、回路の1段階で直接的にもGTPが生成され（10.2.1項⑥）、これもATPに変換しうる。　(5) 脂肪酸のβ酸化系も、エネルギー獲得のための経路であり、生成されるNADH・FADH$_2$・アセチルCoAは、酸化的リン酸化を経て間接的にATPを供給する（11.1節、表10.1）。

問 14-B　正しいのは (3)。
　解説　(1)～(4) 飢餓状態になると、まず貯蔵グリコーゲンが分解される。次に中性脂肪から分解された脂肪酸が動員され、おもなエネルギー源になる（9.5節、11.1.4項）。

索 引

記号
αヘリックス 33
α-リノレン酸 vi, 165
β酸化系 xviii, 122, 149
β-ラクタマーゼ 58
ω位 154

数字
2-オキソ酸 131

アルファベット
ACP 124
ATP xiii, 66, 87, 107, 122, 151, 169
BCAA vii, 135
B形らせん 48, 157
C_1単位 122, 129
C_2単位 122, 124
C_5単位 122, 125
cAMP xi, 88, 160
DHA 154, 166
DNA viii, 40, 85, 148
EC番号 55
EPA xv, 154, 165
ES複合体 63
FAD xiv, 93, 116
GABA xvii, 35, 137
HMG-CoA還元酵素 xi, 165
IUPAC 6, 154
KEGG 60
L-DOPA 137
NAD xiv, 93, 115
NADH脱水素酵素 120
NADP 93, 134

PEP 101, 109
pH ix, 16, 24, 33
pK_a 16, 28, 35
PRPP 138
RNA viii, 40, 142
RNAワールド 93
R基 29, 36, 155
S字形 160
TCA回路 115
UCP xiv, 164

あ
亜鉛 xii, 98, 161
悪性貧血 94, 161
アデニル酸環化酵素 160
アナログ 138
アノマー 5
アボガドロ定数 23
アポ酵素 57, 156
アミド結合 28
アミノ基転移 133
アミノ酸発酵 102
アミロース 11
アミロペクチン 11
アラキドン酸 xv, 153
アルカプトン尿症 xvi, 143
アルコール発酵 102, 103, 119
アルドース 3, 152
アロステリック効果 x, 8, 159
アロステリック酵素 90
アンチコドン viii, 157

い
イオン 26
イオン強度 66

異化 84, 123, 134
鋳型 85
異性化酵素 55, 113
異性体 8, 50, 152
イソプレノイド 125, 134
一文字表記 27
遺伝子工学 46, 87
遺伝情報 40, 56, 87, 142
イノシン 47
イマースルンド-グラスベック症候群 97
インスリン 160

う・え
ウイルス 47
エイコサノイド 166
栄養学 7
エネルギー通貨 118, 141
エネルギー論 63
塩 25
塩基 40
塩橋 38
エントリー 60

お
オペレーター 89
オリゴ糖 2
オリゴペプチド 27
オレイン酸 vi
オロト酸 167

か
解糖系 103, 144
解離 16, 24, 29
回路状 126, 147

索 引

鍵酵素 xi, 129, 139, 160
鍵と鍵穴説 53, 158
核酸発酵 102
加水分解 12, 55, 69, 102
脚気 106, 161
活性化 ix, 57, 96, 123, 128, 147
荷電状態 36
カプロン酸 124
ガラクトース 107
ガラクトース血症 106
加リン酸分解 102, 163
環境要因 110
緩衝液 16
官能基 13, 29, 45, 152
含硫アミノ酸 34

き

ギガ 44
飢餓状態 xviii, 132
基質 ix, 66
基質特異性 54, 61, 158
基質レベルのリン酸化 111, 142, 169
キシリトール v, 5
キシロース 10
拮抗阻害 68, 76, 139
拮抗阻害剤 x, 141
キナーゼ ix, 100, 158
キノール 117
ギブズエネルギー 51, 69, 81
キモトリプシン 61
逆転写酵素 xviii, 168
吸エルゴン反応 82, 169
鏡像異性体 ix, 152
共役 63, 87, 112, 164
供与体 43, 61, 120
極性アミノ酸 39
キラル 56
金属錯体 50, 83

筋肉増強薬 83

く

グアニジノ基 35
クエン酸回路 xiii, 60, 115, 121, 145
駆動 88
グリコーゲン xiii, 11, 110, 125
グリコシド結合 vi, 11, 43, 153
グリセロール 3-リン酸シャトル 151
グルカゴン xiii, 110, 163
グルクロン酸 v
クロロ酢酸 18, 24

け

経口治療薬 33
結合定数 64
血糖 2, 84
血糖値 106, 136, 163
欠乏症 94, 161
ケトース 3, 152
ケト原性 131
ケトン体 136
ゲノム 44, 147

こ

高アンモニア血症 139
高エネルギーリン酸化合物 105, 119
光合成 102, 134
恒常式 64, 72
合成酵素 xviii, 113, 159
抗生物質 28, 58, 139, 161
構造異性体 34
構造多糖 11
酵素活性 70
高タンパク食 132

高尿酸血症 141
酵母 114
呼吸 102, 117
呼吸基質 119
呼吸鎖 111, 116, 162
コドン表 43, 169
コハク酸脱水素酵素 120
コラーゲン vii, 96, 156
コレステロール xv, 17, 153
コロイド化学 22
混合阻害 68, 77
コンドロイチン硫酸 vi, 153
コンフォメーション 20
根粒細菌 50

さ

最適 pH ix, 157
細胞質ゾル xiii, 98, 111, 149, 165
左右対称 121
サルベージ xvii, 167
酸 25, 42
酸化還元電位 81
酸化的脱アミノ 133
酸化的リン酸化 xiv, 95, 111, 142, 169
残基 12, 29
三重水素 56

し

ジアステレオマー 5
自己消化 56
自己免疫 51, 98
ジスルフィド結合 vii, 38, 155
シトクロム xiv, 98, 120, 164
シトクロム *c* 酸化酵素 117
自発的 85
ジヒドロ葉酸レダクターゼ xvii
脂肪 13, 95, 122, 136

索 引

脂肪酸 vi, 13, 122, 144
シャルガフの規則 44
臭化シアン 37
修飾試薬 78
重水素 56
主鎖 35, 46, 155
受容体 43, 120
脂溶性ビタミン 92
初期速度 66, 158
触媒 50, 86, 127
食物繊維 7
除草剤 132
神経伝達物質 35, 133, 167
親水性 13, 23
新生経路 167
親和性 x, 78, 156

す

水酸化 156
膵臓ホルモン 100, 163
水素結合 38, 157
水溶性ビタミン 92
水和 7
スクラロース 6
ステアリン酸 17, 122
ステロイド vi, 125, 153
スフィンゴ糖脂質 20
スフィンゴミエリン 16

せ

生活習慣病 110
制限酵素 86
生体高分子 45, 145
生体膜 vi, 18, 153
静電的相互作用 48
静電的反発 37
生理活性物質 32
セカンドメッセンジャー 153
セフェム系 58
狭い溝 44

セラミド vi
前駆体 xi, xvii, 90, 159
セントラルドグマ 146

そ

双性イオン 155
相補鎖 42
阻害様式 67
側鎖 35, 80, 155
速度定数 64
疎水性 13, 23, 39
素段階 118

た

代謝異常症 110, 142
代謝燃料 110, 122, 135
大腸菌 114
脱共役タンパク質 xiv, 164
脱水素酵素 53, 113
多量体 41, 106
単クローン抗体 51
炭水化物 4, 149
炭素骨格 130, 140
担体 123, 138, 168
単分子膜 17
単量体 41, 155

ち

チアミン xvi, 96
中間体 72, 162
中間代謝物 84, 130, 140
中枢代謝 100, 130
中性脂肪 55, 145, 169
中和 19
腸内細菌 xi, 161
直鎖状 11, 149
貯蔵多糖 11

つ

通性嫌気性 117

痛風 8, 139

て

定常状態 75
定序逐次機構 75
データベース 60
デキストラン 153
滴定曲線 19, 31
鉄欠乏性貧血 98
デヒドロゲナーゼ ix
テルペン 122, 129
電気化学ポテンシャル 89
電子伝達系 xiv, 163
天然ゴム 129

と

同位体 8, 61
同化 84, 123, 134
糖原性 131
糖鎖 23
糖新生 105, 149
同素体 8
等電点 8, 156
糖尿病 106
ドーパミン 137
特異性 30, 56
特異性ポケット 80
トリプシン 61, 80, 90
トレンス試薬 6
トレンス処理 12

な・に

二基質反応 67
二次構造 37
二重らせん構造 47
乳酸発酵 102, 103
尿酸 134
尿素回路 xvi, 132, 166
認識配列 91

索 引

ぬ・ね

ヌクレオシド 41
ヌクレオソーム 45
ヌクレオチド 40, 53, 138
熱力学 87

は

ハースの投影式 4
パーミアーゼ 57
配糖体 54
パストゥール 150
発エルゴン反応 82
発酵 52, 102, 117, 146
パラメータ 74, 78
パルミチン酸 17, 123
反応速度論 63
反応中間体 67

ひ

ヒアルロン酸 vi, 153
非解離型 26
非拮抗阻害 77
ヒストン viii, 45, 156
非線形最小二乗法 71, 79
必須アミノ酸 31, 131
表計算ソフトウェア 72
標識 56, 116, 125, 142
標準アミノ酸 27
標準酸化還元電位 69
ピラノース 5
ピリミジン xvii, 45, 143, 168
微量栄養素 92, 147
ピルビン酸 19, 108, 163
広い溝 44
ピンポン機構 75

ふ

ファラデー定数 82
フィードバック阻害 84

フィッシャーの投影式 4
フェーリング反応 v, 152
フェニルケトン尿症 xvi, 143
不可逆阻害 78
不拮抗阻害 68, 77
複製エラー 90
不斉炭素 3, 152
物質不滅の法則 108, 118
腐敗 102
不飽和脂肪酸 vi, 16, 123
不飽和度 21
ブラジキニン 32
プリン xvii, 45, 143, 168
プロテアーゼ 33
プロトン駆動力 112
プロトンポンプ 89
プロモーター 89
分子遺伝学 42, 150
分枝鎖アミノ酸 135, 166
分子設計 69
分子標的薬 51
分配係数 39

へ

平衡 9, 25, 51, 65
ヘテロトロピック 159
ペニシリン系 58
ペプチド 28, 58
ヘミアセタール 11
ヘモグロビン 156
変曲点 31
変性 viii, 156
ヘンダーソン-ハッセルバル ヒの式 16, 24
ペントースリン酸経路 xiii, 9, 134, 149

ほ

抱合 166
芳香族アミノ酸 vii, 30, 135,

155
放射性同位体 116, 140
放射能 121
飽和曲線 71
飽和脂肪酸 vi, 126
補欠分子族 94
補酵素 53, 94, 148
補充経路 127
補助単位 71
ホスファターゼ ix, 163
ホスホエノールピルビン酸 109
ホスホリラーゼ 163
ホモトロピック 159
ホルモン 84, 92, 100, 125, 153, 162
ホロ酵素 57, 156

ま

膜間腔 112
膜貫通タンパク質 18
膜電位 89
マトリクス 121
マメ科 50

み・む

ミオシン vii, 57, 88, 156
ミカエリス定数 x
ミカエリス-メンテン式 64
味覚障害 95
見かけの 78, 159
ミトコンドリア xiii, 95, 112, 163
ミネラル xii, 92
無細胞抽出液 147

め

メープルシロップ尿症 xvi, 143
メタボリズム 84

メディエーター 164
メナキノン 69, 93
メバロン酸 xv

もも

モーラー 70, 81
モル 70

や・ゆ・よ

夜盲症 161
有機化学 42
融点 21
誘導適合説 57, 158
ユビキノール 69, 120
葉酸 xii, 94, 129, 161

ら

ラインウェーバー - バークプロット 71, 80
ラクタム 54
ラクトース 11, 57, 107
らせん状 124, 149
ラングミュア膜 22
ランダム機構 75

り

リアーゼ 52
リガーゼ xviii, 52, 168
リソソーム 157
立体化学 2
立体配座 20
リノール酸 vi, 17, 21, 165

リピンスキーの法則 33
リプレッサー 89
リボザイム 57, 62
流動性 17, 21
両逆数プロット 72
両親媒性 17
リンゴ酸 - アスパラギン酸シャトル 151
リン酸 19, 48, 123
リン酸無水物結合 43

る・れ

ルシフェラーゼ 88
レチナール 96
レチノイン酸 96
レチノール xi, 92

著者略歴
坂本　順司
(さかもと　じゅんし)

1979年　大阪大学 理学部 生物学科 卒業
1984年　大阪大学大学院 生物化学専攻 博士後期課程 修了（理学博士）
1985年　東海大学 医学部 薬理学教室 助手
1989年　米国アイオワ大学 医学部 生理学生物物理学教室 研究員
1992年　九州工業大学 情報工学部 生物化学システム工学科 助教授
2006年　九州工業大学 情報工学部 生命情報工学科 教授
2008年　九州工業大学大学院 情報工学研究院 生命情報工学研究系 教授

主な著書
Respiratory Chains in Selected Bacterial Model Systems（分担執筆、Springer）
Diversity of Prokaryotic Electron Transport Carriers（分担執筆、Kluwer Academic Publishers）
イラスト 基礎からわかる生化学 ―構造・酵素・代謝―（単著、裳華房）
いちばんやさしい生化学（単著、講談社）
理工系のための生物学（単著、裳華房）
微生物学 ―地球と健康を守る―（単著、裳華房）
柔らかい頭のための生物化学（単著、コロナ社）

ワークブックで学ぶ ヒトの生化学 ―構造・酵素・代謝―

2014 年 9 月 20 日　第 1 版 1 刷発行

検印省略

定価はカバーに表示してあります。

著作者　　坂　本　順　司
発行者　　吉　野　和　浩
発行所　　東京都千代田区四番町8-1
　　　　　電　話　03-3262-9166（代）
　　　　　郵便番号 102-0081
　　　　　株式会社　裳　華　房
印刷所　　株式会社　真　興　社
製本所　　株式会社　松　岳　社

社団法人
自然科学書協会会員

JCOPY 〈(社)出版者著作権管理機構 委託出版物〉
本書の無断複写は著作権法上での例外を除き禁じられています．複写される場合は，そのつど事前に，(社)出版者著作権管理機構（電話03-3513-6969，FAX 03-3513-5419, e-mail: info@jcopy.or.jp）の許諾を得てください．

ISBN 978-4-7853-5859-4

© 坂本順司，2014　　Printed in Japan

☆ 新・生命科学シリーズ ☆

動物の系統分類と進化	藤田敏彦 著	本体 2500 円＋税
植物の系統と進化	伊藤元己 著	本体 2400 円＋税
動物の発生と分化	浅島 誠・駒崎伸二 共著	本体 2300 円＋税
発生遺伝学 －ショウジョウバエ・ゼブラフィッシュ－	村上柳太郎・弥益 恭 共著	近刊
動物の形態 －進化と発生－	八杉貞雄 著	本体 2200 円＋税
植物の成長	西谷和彦 著	本体 2500 円＋税
動物の性	守 隆夫 著	本体 2100 円＋税
脳 －分子・遺伝子・生理－	石浦章一・笹川 昇・二井勇人 共著	本体 2000 円＋税
動物行動の分子生物学	久保健雄 他共著	本体 2400 円＋税
植物の生態 －生理機能を中心に－	寺島一郎 著	本体 2800 円＋税
遺伝子操作の基本原理	赤坂甲治・大山義彦 共著	本体 2600 円＋税

（以下続刊；近刊のタイトルは変更する場合があります）

エントロピーから読み解く 生物学	佐藤直樹 著	本体 2700 円＋税
図解 分子細胞生物学	浅島 誠・駒崎伸二 共著	本体 5200 円＋税
微生物学 －地球と健康を守る－	坂本順司 著	本体 2500 円＋税
新 バイオの扉 －未来を拓く生物工学の世界－	高木正道 監修	本体 2600 円＋税
分子遺伝学入門 －微生物を中心にして－	東江昭夫 著	本体 2600 円＋税
しくみからわかる 生命工学	田村隆明 著	本体 3100 円＋税
遺伝子と性行動 －性差の生物学－	山元大輔 著	本体 2400 円＋税
行動遺伝学入門 －動物とヒトの"こころ"の科学－	小出 剛・山元大輔 編著	本体 2800 円＋税
初歩からの 集団遺伝学	安田徳一 著	本体 3200 円＋税
イラスト 基礎からわかる 生化学 －構造・酵素・代謝－	坂本順司 著	本体 3200 円＋税
しくみと原理で解き明かす 植物生理学	佐藤直樹 著	本体 2700 円＋税
クロロフィル －構造・反応・機能－	三室 守 編集	本体 4000 円＋税
カロテノイド －その多様性と生理活性－	高市真一 編集	本体 4000 円＋税
外来生物 －生物多様性と人間社会への影響－	西川 潮・宮下 直 編著	本体 3200 円＋税

裳華房ホームページ　http://www.shokabo.co.jp/　2014 年 9 月現在